玩转你的水族箱
——手把手教你养好观赏鱼

[英] 杰里米·盖伊
（Jeremy Gay） 著　　王春芳　译

U0312741

机械工业出版社
CHINA MACHINE PRESS

目 录

欢迎来到观赏鱼的世界

拿起这本书，说明你早已对这个迷人而又有价值的爱好有了兴趣，也许，你已经买了一个水族箱，是希望能认识到更多可以在里面生活的鱼，还是想要养一个宠物并正在探索自己的选择？无论是因为什么，你轻轻翻开每一页时，将会认识到这个爱好必须要了解的知识以及水下的自然世界是多么丰富多样。

养观赏鱼，说简单也简单，说复杂也复杂，它适合所有年龄层的人及有支付能力的人。没有其他爱好、消遣或宠物，能像养观赏鱼一样，将艺术、科学、地理和休闲有机结合，并且有数以千计的种类可供你选择，总有一条完美的鱼会适合你的需求。

完美的宠物

观赏鱼不需要拥抱或散步，如果你去度假它们也不会想念你。它们对你所有的要求就是一点点的关心和重视、被好好地喂食且保持它们的水环境不被污染。如果你有空闲时间和一点钱，并且乐意去学习，那么你在几周内就可以拥有一个水族箱来养观赏鱼。

很多人是在儿童时期第一次接触观赏鱼——一条放在碗里的价格低廉的金鱼。当人们看到鱼的时候，很多人会被勾起这样一段童年经历，或是惊叹水族店里数以千计的绚烂多彩的、多种多样的观赏鱼。但不管是金鱼还是霓虹灯鱼，甚至食人鱼，都能激发你的兴趣，最终下定决心拥有和饲养它们，从此进入观赏鱼的世界。

一个选择的世界

随着人们对鱼类需求的变化以及不断更新的饲养技术，我们几乎能够在水族箱中饲养任何品种，不论是小型鱼还是大型鱼；或是栖息在各种环境的品种。大多数水族店都有冷水鱼、热带淡水鱼和分布在珊瑚礁的热带海水鱼类出售。

这三种类型的鱼在饲养成本、设备需求和品种方面差异很大，如果你真的迷上了养鱼，就像全世界成千上万痴迷于观赏鱼的爱好者一样，原本只拥有一个水族箱，可能很快就会变成几个水族箱，最终

没有什么可以比得上一个装饰精美、从上到下充满生机的海水水族箱带给人们的惊喜。

　　无论选择什么类型的水族箱，首先你必须要喜欢它。你不仅要花费大量时间去维护鱼儿的健康生长，而且还要坐下来享受你的劳动成果。养观赏鱼是一个不变的承诺，它会一次又一次地给你回报。经验丰富的养鱼者可以在很短的时间内成为专家，然后能够与他人分享自己的知识和经验。本书汇集了丰富的图片和精彩的内容，可帮助你从头开始，并为你提供有关水族箱鱼类品种以及如何饲养的必需知识。

可能演变成你同时养起了冷水鱼、热带鱼和海水鱼。

　　如果你想超越空间的约束，你就会对养鱼的数量或拥有水族箱的数量不那么在意。如果你精心照料鱼儿，鱼儿就会回报你绚烂的色彩和优雅的身姿，让你享受多年赏鱼之乐。有些品种的鱼会在水族箱里繁殖。如果你喜欢会繁殖的鱼类，那么不妨试试胎生孔雀鱼。这是一种色彩丰富、易养、繁殖能力强的小型热带观赏鱼。鱼类繁殖对大多数人来说是特别的，这也是一个非常好的教育机会，让你或你的家人体会让鱼儿成功繁殖的乐趣，感受到创造生命的奇迹。

　　爱好水草的养鱼者也可以在水族箱内种上水草，构建一个绝美的水下花园，为鱼儿提供一个最佳的生存环境，给自己创造一个赏心悦目的水族景观。

　　要说挑战极限，最完美地展示大自然的美丽，饲养海水鱼绝对是最佳之选。当提供完美的生态条件时，你不仅可以养鱼类，还可以养珊瑚、虾、蟹及生活在礁石上的海星。

第一章

水族箱

鱼类的选择

面对众多选择，你从哪里开始？去逛逛当地的水族商店，你会毫无疑问地发现该养什么鱼。观赏鱼通常会是一些色彩丰富、形态特异，又或是充满个性的，甚至几乎朝你打手势说："买我，买我。"

并不是所有的鱼都能愉快地待在同一个水族箱里。有些大型鱼可能会伤害小型鱼；有些鱼会吃掉其他种类的鱼。海水鱼必须饲养在充满人工海水的海水水族箱中。

你的品位、目的、预算和养鱼的能力都将影响你购买什么样的鱼。金鱼很便宜，很容易买，而且不需要占据你太多的时间去维护它。小丑鱼的价格贵些，对水族箱设备的要求也高些，维护也更复杂些。热带鱼的养殖难度、花费介于金鱼和小丑鱼之间。

到底选择热带鱼、冷水鱼还是海水鱼

这三种类型的鱼不能混养在一起，这将会是你开始养鱼所要做的第一个重大决定。正如之前提到的，这三种类型的鱼有着不同的饲养成本和养护技巧，需要不同的养殖设

备，甚至是不同类型的水族箱。

冷水鱼

冷水鱼通常是指金鱼或其他一些不需要温水饲养的观赏鱼。它们很容易养而且寿命长，由于金鱼可以长到 30 厘米或更大，所以它们需要一个宽敞的水族箱。金鱼的品种数量不算太多，但每个品种的变种有很多类。

你需要知道的关于冷水鱼的知识

由于金鱼会长得比较大，而且吃得多，所以会产生大量的污染物，这意味着你需要准备相应的过滤系统来处理水中的污染物。金鱼通常来说很温顺，不会跟其他鱼打架，但是琉金类的品种可能会受到其他鱼类的攻击。虽然人们总喜欢将金鱼养在碗状容器里，但是中型或大型的水族箱才是养好金鱼最适当的容器。

热带鱼

热带鱼的颜色、形状和种类都很丰富，而且有上千个品种可供选择。这些品种的大小、成本和饲养难易程度都有所差异。由于它们种类繁多，成了最受欢迎的观赏鱼类型。

即使你只有一个很小的水族箱，也会有一个热带鱼种适合你，而且有许多热带鱼的饲养难度并不比金鱼难。

热带鱼可以放在不同风格特点的水族箱里，如水草水族箱、养慈鲷的原生态水族箱和养七彩神仙的南美风格水族箱。养到极致的情况下，一些热带鱼可以在颜色、成本和饲养它们所要求的技能方面与海水鱼不相上下。

你需要了解的热带淡水鱼的知识

除非你生活在热带地区，否则，养热带鱼的水族箱需要有人工加热方式，所以你的预算中必须包括一个加热器及运行它的成本。有这么多鱼种可供选择，并不是所有的鱼种都能和谐共处，所以你要提前了解不同品种鱼的习性。

海水鱼

海水鱼有着最鲜艳的色彩，最奇特的形状。由于在原产地，这些海水观赏鱼生活在热带海洋里，对环境条件的要求非常苛刻，被认为是三类水族箱鱼类中最难饲养的类型。它们占据了饲养者最多的时间，利用了最好的养殖设备，而且通常被认为不适合养鱼新手。

有利的一面是海水观赏鱼的独特性，而且在饲养这些海水观赏鱼的同时也可以饲养活珊瑚和很多珊瑚礁生物。

你需要知道的海水观赏鱼的知识

由于需要准备人工海水，所以水族箱换水需要更长的时间。此外，尽管有数千种鱼可在珊瑚礁上生存，但只有一小部分鱼可以在海水水族箱中混养，而且大多数都需要足够的空间。纳米水族箱也是可行的，可以创造出一个小型的生态环境和更经济的珊瑚礁环境。

所以养鱼前你要花些时间思考，然后确定适合自己的观赏鱼品种。下表概括了三大类型鱼类的饲养条件，可供参考。

	冷水鱼	热带鱼	海水鱼
物种的选择	少	多	多
饲养难易程度	简单	由易到难	中度到困难
设缸成本	低	由低到高	高
运行成本	低	由低到高	高

水族箱的选择

当人们考虑养鱼时，买一个水族箱往往是他们最先做的一步，但是，买水族箱之前还要确保你选择的水族箱既是你需要的也是你养的鱼所需要的。

水族箱有很多尺寸和形状，尽管他们都是为了装鱼和水，但总有一种是最合适的。我们希望自己的水族箱不仅内部看上去很好，而且外部也一样。不过，尽管样式是一个重要因素，但鱼的需求更为重要。

形状

一个水族箱必须有一个相对于其容积的较大的表面积，这样气体就可以在水的表面自由地通过。鱼需要水平地游动，要做到这一点，就要求水族箱的长度要大于所养鱼类的体长，并且足够宽，可以让鱼转身，然后游向另一个方向。

水族箱中最实用的是直角水族箱，因为它满足了鱼在游动时对空间方面的要求，并且有一个很大的水体表面积。另一类就是弧形水族箱，它几乎和直角水族箱一样合适。水族箱的弧形前壁使这些水族箱在装饰时很好看，而且很受大众欢迎。

角水族箱从前到后很厚，但不会很长。这种类型的水族箱主要适合一些有趣的造景，比如岩石、珊瑚或水草可以被堆积在后面的角落，形成漂亮的景观。但这种水族箱和直角水族箱、弧形水族箱相比，表面积与容积之比要小得多。

方形水族箱很简洁，并且不会占用很大面积，所以很受欢迎。缺点就是水体表面积和鱼儿能自由游动的距离较短。

碗形水族箱和圆柱形水族箱由于其水体表面积小，鱼儿缺乏足够的游泳空间，最不适合养鱼。

一般来说，体型高大的鱼需要较深的水族箱，所以，像七彩神仙和神仙鱼这两种鱼就需要深度至少是它们高度四倍的水族箱，这样它们才能在水中自由游动。细长形的鱼，像鲌和孔雀鱼，在自然环境中生活在浅水域，所以浅水水族箱最适合它们。扁宽形的鱼，像赤魟，需要从前到后非常宽的水族箱，这样它们就能轻易地在水中翻转，并且在水底有足够的空间搜寻食物。

尺寸

说到选择水族箱，当然是越大越好，因为水量越多，水质和水温就越稳定。即使是一个 1.2 米长的水族箱，把它放置在你的客厅中，可能看起来比较大，但同鱼儿天然栖息的河流、湖泊相比，依然是非常小的。

> **小贴士**
> 选择水族箱时，首先选择你想要养的鱼，然后去找满足它需求的最合适的水族箱。

给大家一个基本原则，一条鱼要在水族箱中自由自在地游动，所需水族箱的长度至少是它体长的 6 倍，宽是它体宽的 2 倍，这意味着一条长 15 厘米的曼龙需要一个长 0.9 米、宽 0.3 米的水族箱；一条长 30 厘米的地图鱼需要一个长 1.8 米、宽 0.6 米的水族箱，这样鱼儿们才能欢快地在水族箱中不停游动。

鱼儿是会长大的，所以在选择水族箱时，需要确保水族箱的大小能满足所养的鱼不同发育阶段的尺寸要求。如果你不想改变水族箱的大小，就不要购买那些大型鱼类的幼体。大型的鱼只有少数爱好者喜欢，动物园和水族馆是不会为你收养它们的。

一旦你为你选的鱼种找到了合适的水族箱，接下来你还需要做进一步调查，看看这

种鱼是独居类型还是群居类型，它们有多活跃。一条 5 厘米的虎皮鱼如果是单养，不会很活跃，不需要很大的水族箱，但因为它是一种比较活跃的群居鱼类，一次放养不是一条，而是至少 10 条或更多，因此就必须要选择一个大点的水族箱。

纳米水族箱

纳米水族箱是一种小水族箱，一般总体积小于 100 升。只要有水族箱，就有小型水族箱，只是在现代，这种小型水族箱被命名为纳米水族箱。

纳米水族箱通常很紧凑，立方体，占地面积小，可放置在桌子（餐桌或书桌）上。它通常还会带一个内置的反光罩、灯和过滤器。

纳米水族箱可以用来养冷水鱼、热带鱼或海水鱼，但由于它的尺寸小，养殖生物和装饰也必须相应选择小的。这个理念就是建立一个功能齐全、大型水族箱的缩小版，里面同样有水草或珊瑚，还可以养各种淡水或是海水的小型鱼。

比起大型水族箱，纳米水族箱有很多优势，它们价格便宜、维护费用低、耗电量也小，并且不会占用太多空间。这就是它们为什么如此受欢迎。而其缺点就是水质没有大型水族箱水质那么稳定，这意味着主人需要格外警惕，并且，可以饲养的鱼的数量也更少。笔者一直推荐选择尽可能大的水族箱，如果你家中没有足够的空间来放置水族箱，那么纳米水族箱就是一个明智的选择。

水族箱放置的位置

水族箱选好了，就要考虑放置在正确的位置。有很多因素影响你的水族箱放置位置。

放得下吗

在你买水族箱之前，你应该知道你想要买的水族箱的尺寸，但是如果你买了一个很大的水族箱，比如长2米或更长，或是宽超过0.6米，那么，这个水族箱是否能搬进门呢？这听起来很愚蠢，但这确实经常发生。而且如果它不能穿过门，你又不想放弃你的新水族箱，那么只能将你的水族箱从窗户搬进来。所以，在选择水族箱时应该带上一把卷尺，这很有必要。

放在哪里

一般来说，水族箱放在客厅。因为鱼儿容易受惊，所以水族箱要远离门口，以避免因人来回走动而惊扰到鱼儿，且门口是通风处，会降低水温。阳光直晒水族箱也不好，会引起水温升高，使藻类滋生。

鱼对噪声和震动也十分敏感，所以水族箱应远离电视机，特别是要远离保真音响。

应把它放在远离暖气片、窗户、门口的地方，而且要水平放置，靠近电源，同时还要方便你坐下欣赏（如沙发对面）。一个漂亮的水族箱会让任何房间增添光彩。

用水平仪检查地板是否水平，如果不平，则水面就会相对于水族箱倾斜，而且水线和水族箱的装饰也会显得不美观。

水族箱有多重

这是一个重要的考虑因素，因为它们在装满水后是非常重的。一个大型生态水族箱（长1.2米、宽45厘米、高38厘米）的空水族箱重53.8千克，装满水后将会重268.5千克。这个重量不轻，当把这样一个水族箱放在地板上时，就需要巧妙地在几个托梁上水平地分散重量（托梁放到位于其顶部地板上的相反方向）。

这种尺寸的水族箱以及它装满水后的重量，使你不能将它放在楼上的地板上，因为它就跟一个装满水的浴缸一样。对于大型水族箱，你应该向建筑工程师征求意见，因为你可能需要一个钢筋水泥的或者加固的地板去支撑它。

一个四条腿的支架无法承受住这样的重量，可以通过使用去掉脚柱的方法来使之分散。

缓冲

传统上，玻璃水族箱底部应该放一块聚苯乙烯膜，使玻璃底部和橱柜接触面更加平整。如果不这样做，可能会导致水族箱底部出现裂痕，水流出，最终代价就是失去你的宝贝鱼。

现在有一些水族箱自带底座，以缓冲冲撞，这些自带的泡沫底座实际上抬高了水族箱底部。

用聚苯乙烯缓冲泡沫底座实际上会引起一些问题。所以在购买时一定要检查是需要缓冲的玻璃缸，还是不需要缓冲自带泡沫底座的缸。如果选择不当可能会在水族箱破损时无法获得商家的包换保修承诺。

小贴士

一旦水族箱装满水了就不要再移动，即使是小型鱼水族箱。它将会极其沉重，即使只是拖动水族箱，都可能会严重影响水族箱体结构的完整性。

给自己空间

不要把水族箱挤进一个很紧凑的壁龛里，或者紧贴墙壁，因为通常需要在水族箱的背部留有一个小空间，用来安装电源、挂式蛋白质分离器或是管状的过滤器，这个空间会使操作及维护变得更加容易。

安全第一

要注意安全使用电和水，所以，确保不要把水族箱电源直接插在电插座上。确保任何电线都有一个弯状的环管——也就是让电缆线有一部分呈现凹陷状，如果有水滴下来，它会聚集在凹陷的底部，然后滴下。如果你把一根电缆直接插到插座上，当有水滴下时，就会直接进入电源面板。

当设备出现故障时，可使用漏电保护装置，或者 RCD 断电开关。它不仅适用于户外池塘，也能在室内提供额外的安全保护。

基础设施

一旦选好了水族箱，你就要为鱼儿安装维生系统，还要购买各种各样能维持鱼儿生存的物品。一些水族箱和配套的底柜已经自带加热器、灯具和过滤器，所以，你要做的就是装饰水族箱，装满水，插上电。然而，使水族箱状态完全稳定下来的重要部分还没有到。

你还需要列一个设备清单，它能够让零售商知道你的水族箱材质、型号和尺寸，这样你就可以买到合适的设备了。

购物清单

必需品

- 水族箱
- 水族箱盖
- 底柜
- 过滤器——清除水中的碎屑和污染物
- 加热器（养热带鱼或者海水鱼需要）——加热水体并使之恒定在某一温度
- 荧光灯管——照亮水族箱及使鱼色更靓丽
- 定时器——定时开关灯
- 水质检测试剂盒——检测水质
- 温度计——检测水温
- 脱氯剂——确保自来水对鱼安全
- 硝化细菌——为鱼准备好过滤器，让生物过滤快速建立起来
- 底质
- 装饰品

维护设备

- 除藻磁铁刷或刮藻刀
- 卵石真空泵
- 虹吸管
- 量杯
- 水桶

可选择的

- 灯光罩
- 冷凝集油器
- 水族箱背景板

集成化、组装或自己构建

现在买水族箱跟以往有所不同。以往你走进水族店，选择你想要的鱼和水族箱，然后买配套的配件。现在很多水族箱制造商已经做了整合的工作，有些甚至还会为你安装。一套完整的水族设备里，水族箱、盖子、照

明设备、过滤器、加热器和其他的一些东西都已经为你选配好了，随水族箱一起有个总价。这种整套出售的水族箱很适合初学者，因为你一般会认为制造商会选择大小合适的加热器和过滤器，而且还常配有其他物品，比如饲料样品、水质稳定剂和使用说明书。组装的优点是，排除了自己构建整个系统可能会出现错误的风险。而且，当你把这些设备作为一个整体打包购买时，还会享受折扣价。

上图：集成化水族箱非常受欢迎，因为正确选择配件这项艰难的工作商家已经为你做好了。

集成化

集成化水族箱越来越受欢迎。集成化水族箱有内置的水族箱盖子、过滤器和照明设备。加热器通常也包括在内。比起组装式，集成化的水族箱会是一个更简单的选择，不仅为你选择好了正确的设备，照明系统也已内置，过滤器也已安装在水族箱里，所以你不会有装错的风险。如果选配有加热器，则会安置在过滤器旁边。一些集成化水族箱甚至还将所有的线路集成到一个定时器中，你只需要对你的水族箱进行装饰、灌水、插电就可以了。正是由于集成化水族箱的这些便利，使这类水族箱越来越火，而且价格也是在持续下降。

自己组装

并不是生活中的每件事都那样简单，或者是被一个集成化的水族箱就解决了。如果你想要突破常规，那么就不要选择集成化水族箱。如果你想让水族箱内的过滤功能更强大，集成化水族箱则无法满足。你要根据你的兴趣爱好做一个长远打算。一个集成化水族箱对初学者很有益，包括大量基础配件，也能放养市面上大多数的观赏鱼，但是如果你想养一些特殊的鱼怎么办？比如，你想养暹罗斗鱼并想对这种鱼进行人工繁殖，那么你就不需要集成化水族箱中配好的电动过滤器。

如果你兴趣广泛，选择适合自己特殊要求的设备来构建自己的养鱼系统，则可能更划算。比如，你想繁殖鱼儿，你可以向零售商和资深爱好者请教如何购买所需的器材，如果你所有设备是需要一次性购买，那么在购买时还可以享受一定的折扣。

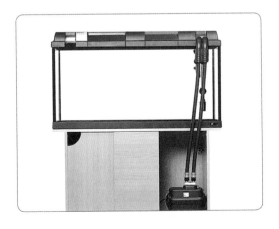

左图：图中是制造商为外置过滤器专门设计的水族箱、盖子和底柜。

过滤器

要想维持水族箱的正常运行，过滤器是最重要的，因为过滤器能维持良好的水质。如果没有过滤器，我们将无法养好观赏鱼。

为什么过滤

自然界中，鱼产生污染物，但由于它们生活的水体巨大，污染物被稀释并冲走。一个天然的水体能根据其含有的溶氧量、饵料资源和排污能力，容纳有限数量的鱼。

水族箱和天然水体的差别很大，水族箱是一个封闭系统，这意味着，如果我们不换水，不对水进行过滤，水族箱很快就会被鱼的排泄物污染，并且由于它的水体面积很小，溶解氧也会很快耗尽。正因为这些原因，单单一个室内水族箱根本无法保证鱼儿的正常生存。

与野生鱼类的栖息地相比，我们不仅将

鱼放在一个密闭的系统里，还加大了放养密度。这就意味着，如果要让鱼儿在水族箱里保持健康和活力，我们必须分解或者清除排泄的污染物并向水体充氧。过滤器可以做到这三点，使养鱼成为可能。

过滤器是怎样工作的

过滤器其最基本形式就是通过物理过滤，拦截水中悬浮污染物颗粒，然后我们将其移除。我们可以清楚地看到物理过滤的过程，即过滤器清除水中的碎屑，让水变得清澈以便我们可以看到里面的鱼儿。但是，物理过滤的作用有限，只能够清除固态污染物，却无法清除水中的溶解态污染物。

生物过滤能清除水中的溶解态污染物（鱼尿和氨氮），有效地清理一些有机污染物。但这并不是过滤器本身在工作，而是过滤器中生活的微生物在发挥作用。生物过滤器旨在培育一些有益的细菌，然后这些有益菌可以分解和转换溶解态污染物。生物过滤在任何水族箱——冷水鱼水族箱、热带鱼水族箱或海水鱼水族箱中都是至关重要的。生物过滤是过滤器中最重要部分，因为生物过滤在创造一个安全的水域环境中起着关键作用。为了培育有益菌，在本书52~53页中介绍了一种无鱼循环的方法。

一些过滤器也可以进行化学过滤，使用在水中反应能吸收化学物质的滤材。化学过滤通常用于除去某一种特定的污染物，比如氨氮、硝酸盐，或者是由于放入了沉木导致水体变色的色素。化学过滤介质的寿命有限，

选择一个过滤器

选择过滤器的类型取决于你想要养哪种鱼和养多少条，还有水族箱的尺寸。小型水族箱只需要小型过滤器，大型水族箱则需要大型过滤器。如果你打算养一小缸吃食量大的鱼类（如金鱼），那么则需要两个小型过滤器或者一个大型过滤器，且换水频率也需要增加。

然而，选择过滤器不只是看鱼吃食是否混乱，或者是它们在水族箱中的数量，还要看过滤器的输出能力。空气驱动的泡沫过滤器能提供比较平缓的水流，适合非常小的鱼、鱼苗和生活在天然静水水域的那些鱼类。静水鱼不喜欢强水流，如果受到长时间的冲击，将会受到水流胁迫（暹罗斗鱼和斗鱼就是静水鱼的典型例子）。

但也有一些鱼就需要强水流，大功率过滤器就可以提供强水流。河流栖息鱼类（又称急流鱼类）适合生活在强水流中，身体呈流线型以适应水流。它们对溶氧量要求很高，高溶氧量是急流的一个特点。对此类鱼则需要选择一个强大的过滤器。

然而，不管你的鱼儿天然栖息地是在急流中还是在静水中，水族箱中都必须有物理过滤和生物过滤，而且生物过滤器越强大越好，就可以处理更多的污染物。

内置过滤器

内置过滤器是最常见的过滤器，因为这类过滤器结构紧凑，效果不错，性价比较高，消费者负担得起。通常内置过滤器包含一个放在滤筒中的海绵和顶部的动力装置。

如何工作

简单来说，水体通过筒中的海绵拦截污

必须更换。物理过滤、生物过滤和化学过滤的介质可以参考本书 19~21 页的相关内容。

小贴士

如果要使有益菌保持活力，过滤器必须 24 小时运行。如果把过滤器关掉几分钟，更换生物过滤介质，或者在水龙头下冲洗介质，所有的细菌都会丢失，造成"新水族箱综合征"，见本书 57 页的相关内容。

你需要知道的关于过滤器的知识

市场上有很多不同类型的过滤器，但它们都有一个共同点，就是为鱼儿建立一个生命保障系统。如果没有生物过滤，作者则不建议建立或试图维护一个水族箱。在这种情况下，需要每天换水，并且水质会在喂食后发生改变。

染物，然后水体被顶部的动力装置泵吸出。一段时间后，随着细菌在其上的出现，海绵具有生物过滤效果。

内置过滤器的优点

内置过滤器适合初学者和对此类过滤器感兴趣的专家，它设计简单，会同时对水进行过滤和充气，易于维护并且耐用。

内置过滤器的缺点

实惠的价格和紧凑的结构意味着在介质性能方面有缺陷。如果你养很多鱼，或者是养容易弄脏水体的鱼，那么你需要几个内置过滤器，或者换一个更好的外置过滤器。

选择合适的型号

内置过滤器依水容积或水族箱长度不同而分为很多种，随着型号增大，能容纳更多的滤材介质，从而过滤能力更强。

内置过滤器虽然能容纳的滤材介质比外置过滤器少，但有些产品和型号可容纳的滤材更多。选择一款内置两块海绵的过滤器，以便清洁或更换其中一块的时候，另一块依然还可以工作，以继续保存必需的细菌。

顶级的内置过滤器应包含许多功能，方便使用，还可提供额外的滤材，包括用于生物过滤的专用陶瓷介质，以及化学介质（活性炭），以净化水质。

流速定向控制是一个额外优点，这样就

> **小贴士**
>
> 不要将过滤器中的介质一次性更换，因为会失去过滤器中的有益细菌。可将养满菌的海绵一分为二，一次换一半；如果你使用了多种介质，那就留下生物介质来处理废物的分解。不要用自来水冲洗过滤器介质，因为自来水中的氯会杀死有益细菌。

可以根据需要将流速调大或调小。可选的文氏管就如蛋糕上的奶油一样，能够提供氧气和过滤的作用。

多级内置过滤器

这种大的"盒"状过滤器能使用多种滤材，具有超大的过滤容量，和外置过滤器一样，只不过这类过滤器是安放在水族箱内部。这类过滤器的加热器在单独的一个空间内，以避免加热器带来的安全隐患。大量滤材的使用意味着可以随时更换或清洁部分滤材，且不必担心有益菌的损失。有些过滤器被用硅胶永久地固定在水族箱的内部，这种方式在一定程度上解决了某些用户的特殊需求。

外置过滤器

外置过滤器是水族店推荐的最好的过滤方式，比内置过滤器更大且功能更强，能容纳更多的滤材。外置过滤器被设计放在水族箱的下面，通过进出水管连接过滤器。其优点是过滤器在维护的时候不会惊扰到水族箱内的鱼，而且水族箱内不会出现大型的设备。

当过滤超过 200 升水或水族箱长度超过 0.9 米时，就必须使用外置过滤器。因为这类过滤器尺寸更大，功能更强，能很轻松应付大量的鱼，或容易弄脏水体的鱼及大型鱼，而且很少被堵塞。

选择合适的型号

选择一个安置了多种不同类型滤材介质

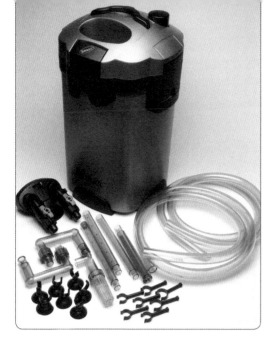

水体充氧。

某些外置过滤器有一个启动机制，也就是这种内置的活塞装置可以自动地将水族箱中的水灌入箱中，而不必要用水罐或虹吸管去灌。启动机制方便省时，并

且避免让你的双手沾湿——在购买过滤器时这点也值得考虑。

术语解读

文氏管：一种装在过滤器的出口，能吸入空气并将细小气泡吹入水中的装置。

（包括海绵、陶瓷类、生物类还有化学类）的外置过滤器。外置过滤器的多功能性意味着它应该能够容纳你选择的任何滤材，包括泥炭、羊绒棉、大型塑料滤材等，这些滤材可根据需要进行组装。如果所有的介质都包含则将方便好多。

所有管子都是买过滤器必须配备的，并安装有入口过滤器，以防鱼儿被吸入，还有出水口，包括一个喷水的横杆，以保证过滤后的水再喷回到水族箱内，同时给

滤材

物理过滤滤材

物理过滤是最基本的形式，养鱼人可以实际地看到它工作。简单地说，物理过滤就

此图展示了一个外置过滤器，其内部包含了几种类型的滤材。箭头所示的方向就是水流的方向，可以清楚地看到水是如何被吸进滤桶，并通过所有的滤材介质而进行过滤的。

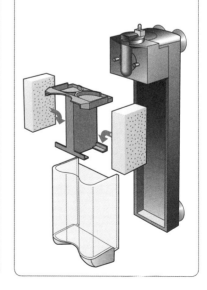

此图展示了一个带有两块海绵的内置过滤器进行交替过滤水的过程，以及如何快速卸下过滤器滤芯的过程。

是在水流过时截除水中的颗粒状污染物。

物理过滤对冷水鱼水族箱、热带鱼水族箱非常重要，它清除了水中的碎屑，使水体保持澄清，这样你就能看清楚你的鱼儿。物理过滤滤材一般包括海绵或羊绒棉，也称过滤棉。这是一种白色聚酯材料，可以以一大团的方式存在，以适应相应尺寸，也可以根据你的过滤器的材质和型号预先切割成所需的尺寸。

羊绒棉能有效截除大颗粒及小颗粒污染物，并能非常有效地截除那种会快速堵塞过滤系统的污染物。这种滤材可以通过冲洗的方式清除吸附的碎屑并再使用，但由于价格低廉，通常将用过的直接扔掉，每周更换一次。羊绒棉只起物理过滤作用，所以不能仅依靠它来维持鱼的健康生长。

最普遍的物理过滤滤材可能就是海绵了，海绵也被称作泡沫，它有很多种密度，从精细到粗糙都有，海绵的密度决定它可以截获颗粒的大小、堵塞时间和每小时流过水量的周转率。

海绵确实容易堵塞，但可以通过洗涤重复使用数月。当海绵开始变形，挤压后不会复原时，就需要更换。由于其结构的特殊性，也能培养有益菌，进行物理过滤和生物过滤。因为这种双重功效，小型过滤器，甚至是昂贵的过滤器经常只有一片海绵，来完成所有的过滤工作。低成本是一个优点，但如果海绵堵塞了，就失去生物过滤功能。如果你冲

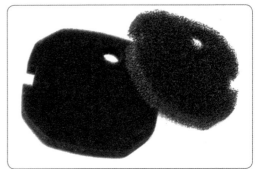

洗它或者替换掉它，就会失去上面培养的细菌，你的鱼儿就可能有麻烦。因此，海绵最好与其他滤材结合使用。

生物过滤滤材

和海绵不同，所有的生物过滤滤材形状和尺寸千差万别。不像物理过滤滤材那样，生物过滤滤材的功能不是截获颗粒污染物，让水澄清。相反地，生物过滤滤材旨在其表面和内部培养活细菌。好的生物滤材有很大的表面积，其外表面通常呈不规则形状，其内部存在多孔的结构。

陶瓷滤材，不论是天然的还是人工的，都是最好的选择，它既有非常大的表面积，内部又多孔。陶瓷可以做成粗糙的岩石碎屑状、圆环状、球状，或任何能给细菌提供足够空间的形式。

塑料也可以做成具有大表面积的培育细

菌的滤材。这类塑料滤材形状通常较复杂，用在与陶瓷滤材分隔开的独立隔间里，数量用得较多，或者替代陶瓷滤材，用在具有高滤水率的水族箱或池塘中。

化学过滤滤材

化学过滤滤材能做物理过滤滤材和生物过滤滤材不能做的工作。这取决于化学滤材的性质，化学滤材可以从水中清除物质，并将这些物质进行螯合，使其不以自由的形式出现而影响水质，其作用方式不像细菌那样，可以分解有机物并转化成无毒的形式。当物质被吸收或化学滤材被耗尽时，你就需要更换它了。

> **小贴士**
>
> 不要在自来水龙头下冲洗生物介质。因为自来水中的氯和氯胺会杀死有益细菌，并将其冲走。

活性炭是迄今为止化学滤材中最受欢迎的一种材料，价格也便宜。活性炭能够清除水中的染料、颜色、污渍、异味甚至是鱼药。它常用于除去沉木释放的单宁酸，使水体干净、清澈。活性炭具有标准形式或活化形式，后者孔隙更多，表面积更大，能发挥更强大的吸附功能。活性炭需要每四周更换一次，或者你认为不再需要活性炭来清除任何染料、异味和药物的时候，就可以扔掉了。

沸石是可以去除水族箱中氨氮的一种化学滤材。如果你通过检测试剂盒发现你的水族箱里氨氮含量很高，或者在长途运输鱼的过程中，鱼儿的排泄物会污染水体，导致水体氨氮含量很高，这时在水里加入沸石就可以较好地解决这个问题。用过的沸石可以扔掉。在作者看来，除非是不得已，否则沸石不能放在过滤器中，因为氨氮是有益细菌的营养源之一，如果去除，就意味着过滤器中的有益菌的数量将会减少，那么水中的氨态氮转化为亚硝态氮的效率就会降低。但是，沸石在紧急情况下还是很有用的。

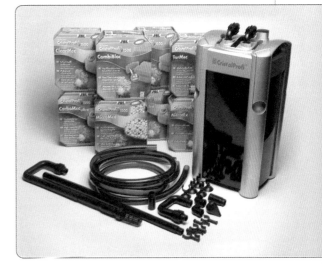

加热器

气温较低的地区，如果你想养热带鱼，加热器则是必不可少的设备。我们养在水族箱中的鱼，自然生活在美国中部和南部、亚洲东南部、非洲和澳大利亚的温暖的水中，适宜的全年水温在 20~30 ℃。

如果你生活的地区不能提供恒温的自来水，那么你就必须人为地将水族箱中的水温调整到最合适鱼儿生存的温度。

一体控温加热棒

一体控温加热棒是迄今为止最常见的用于加热水族箱的设备，是由一个连接到加热元件和放置在防爆水管里的温控器组成。一体控温加热棒插入电源后，一旦设定了所要求的温度并放入水中，它们就会自己调节开关来控制加热。

通常加热棒顶部有一个温度设定旋钮，某些型号带有温度显示器，显示你设定的温度。加热器电热丝密封在圆柱形玻璃管内，这样可以实现良好的热传递，但是玻璃外壳

热带鱼水族箱需要一种复合型加热器（恒温器）来调节水温。上图所示的加热器带有防护装备。

就意味着使用时要小心，不要打碎它。

加热器如何工作

传统上，一体控温加热棒通过一个双金属片作为开关进行工作，这种金属片是由两块金属绑在一起构成的，一块是钢，一块是铜。因两种金属的导热速率不同，当接触到热量时，会造成某一金属条的弯曲。一块金属连接电源、另一块连接加热棒接口。当加热充分后，连接就会断开，当水凉了连接又重新建立，加热水体。

一个更现代化的方式，换句话说就是一个更可靠的方式——通过微芯片控制温控器中的加热，微芯片的价格比双金属条更高，这一点通常反映在加热器的价格上。

新科技在加热器上的应用，其材质由坚韧的、不容易破坏的材料组成，耐用性更强，只需要加热一种元素就能达到所需要的温度，在操控性能上更安全，能在一个电子显示屏上精准地显示实时水温及设定的温度，这样能更准确地监控水温，一旦出现问题，你就会迅速知道。

其他类型的加热器

如今市面上还有一种较常见的分体式加热棒，加热器和温控器是分开的，之间用电线连起来。这种分体控温加热设备的加热器和温控器可以分开购买。其优点在于：放置在水族箱外部的温控器能更方便地进行温度调节。这种放置在外部的温控器有一个测温

探头，用于测量水温。

分体式温控器也能控制更大功率的加热器，比如 600 瓦的，或者同时控制两个小功率的加热器。使用分体式温控器你可以选择任何形状、任何质量和任何大小的加热器。选择加热器和温控器时要注意，因为质量不好的加热器可能会坏掉，如果发生这种情况，养满海洋生物的海水水族箱所遭受的损失可就太大了。你会为了一个价值只相当于一张音乐 CD 的加热棒，而放弃一个价值等同于一辆二手车的海水水族箱吗？

现在，市场上也出现了钛加热器，就耐用性和质量来说，这种加热器是最佳选择。

嵌入式加热器

嵌入式加热器嵌在外置过滤器管道内发挥作用，而不是放置在水族箱中。其优点在于这种加热器不会烫伤鱼儿；它被隐藏起来，不再是水族箱中的一个视觉障碍；在调节温度时你的手也不用沾水。另一个优点是水流可以将热量均匀地分布在整个水族箱中。当水停止流动时，某些型号甚至会自动关停。

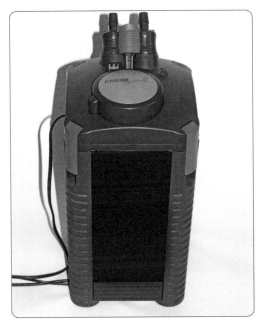

左上图：嵌入式加热器与外置过滤器管子相连，人们不会看到它。

右上图：恒温过滤器在桶中有一个加热器温控器，能让热量均匀分布。

右图：温度计是任何水族箱的必需装备。

外置过滤器也常配有内置加热元件和控温器，与嵌入式加热器有很多相同点：热量能均匀分布到水中；加热器放置在主水族箱外，能让水族箱看上去更美，鱼儿也不会被烫伤。市场上有同时适用于淡水水族箱和海水水族箱的恒温过滤器。

> **小贴士**
>
> 玻璃加热器没有断电或刚断电 10 分钟内，千万不要将玻璃加热器从水中取出。否则，玻璃将会碎裂。如果你需要取出加热器，要提前 30 分钟断电，然后才能将加热器移出水面。

> **小贴士**
>
> 为了保护加热器不受撞击和破损，请装上加热器护罩。这些塑料保护罩将加热器套住，在防止加热器损坏的同时不阻碍热量的传输。

照明设备

光照对所有水族箱生物来说必不可少。我们利用照明设备发出的光来观察水族箱里的生物，来模拟太阳光照射到干净的水里。有很多人工照明设备可供选择，选择一个既适合水族箱生物又符合自己要求的照明设备非常重要。

T8 灯管

直到我写这本书时，T8 灯管仍然是水族箱照明设备中最受欢迎的一种灯具，T8 灯管的尺寸大小和色彩种类最多、光谱范围最广。"T8"这个术语来源于灯管直径为 8/8 英寸（或 1 英寸，1 英寸 =2.54 厘米）。市场上常见的灯具通常带有内置反光罩，尽管夹式反光罩更好。

水族箱配一根 T8 灯管，往往光强不够或被认为是标准照明，如果水族箱内有水草，或水族箱深度超过 38 厘米，则需要配几根 T8 灯管。一个典型养珊瑚的海水水族箱至少需要 4 根带反光罩的 T8 灯管，所以大多玩海水水族箱的人会选择 T5 灯管。

T5 灯管

T5 灯管是市面上最亮的荧光灯灯管，T5 得名于其直径是 5/8 英寸。一般来说，

相同长度的灯管，T5 比 T8 发光量更大，但是 T5 灯管会消耗更多的电量。T5 灯管的运行必须使用 T5 照明镇流器。

T5 筷子灯管

T5 筷子灯管是一种细长的双头管，两头连接在灯座上。这种灯管长度从 30 厘米到 1.5 米都有，可以输出广谱光照。两根带反光罩的 T5 筷子灯管的光照量可满足目前市面上大多数深度的水族箱内的水草和部分珊瑚的生长需要。4 根 T5 筷子灯管加上反光罩就属于强光照了，能给深度达 0.6 米的水族箱提供明亮的光照。

PCT5 灯管

PCT5 灯管看起来像是翻倍的 T5 筷子灯管，它只有一端连接到灯座，有一系列的不同规格尺寸、色系和光谱范围，长度可以很小很短，甚至小到只有几厘米。

尽管紧凑，PCT5 灯管在很

小的空间内可以发出大量的光线，可以放置在养有高光照需求的珊瑚或水草的纳米水族箱中。但其缺点在于灯体相当宽，这类灯具和反光罩一起使用时的效率没有一个 T5 筷子灯管效果好。1 根 PCT5 灯管可以给多数小型水族箱提供充足的光照，2 根被认为是中等光照，4 根可以给大多深达 0.6 米的水族箱提供高光度的照明。

T12 灯管

T12 灯管是 T8 灯管的前一代，是第一种用于水族市场的荧光灯照明系统。由于 T5 灯管和 T8 灯管能够释放出更广光谱的光照，且单位功率能释放出更多的光线，T12 灯管大多数已经过时，没有什么优势可言。

T6 灯管

T6 灯管比较新，它在直径和亮度方面处于 T8 灯管和 T5 灯管之间。优势在于灯座上配有适配器。

金属卤素灯

金属卤素灯也称为高强度放电（HID）灯，在高压和高温下运行。由于它们的温度高，不适宜安装在水族箱内，而是要用特殊的罩子悬挂在鱼缸上方。金属卤素灯是点光

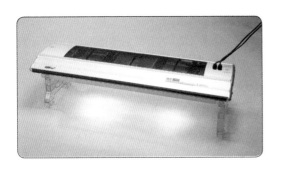

源，有"聚光灯"的效果，看起来像阳光照在水面上。这种效果非常理想，金属卤素灯的高穿透力意味着这类灯具往往是深度超过 0.6 米的水草水族箱或要求苛刻的珊瑚水族箱的唯一选择。金属卤素灯灯泡有 70 瓦，150 瓦，250 瓦，400 瓦甚至 1000 瓦的尺寸。1 个 150 瓦的灯泡可以给 90 厘米长的水族箱提供非常明亮的光照。更大的功率常仅用于巨大的展示水族箱或要求非常苛刻的珊瑚水族箱，强光照射来模拟热带中午时分的太阳光。一些金属卤素灯与 T8 灯管或 T5 灯管结合使用，以获得更好的照明效果和更广的光谱范围。额外的照明也可以用在金属卤素灯开灯之前和关灯之后，以提供黎明和黄昏的效果。

LED 灯

LED 灯照明对现代养鱼者有很多优势。它非常明亮，可以有任何想象的颜色，不会用太多的电，甚至可以以电子方式变暗。它也不需要反光罩，而是使用小透镜，与其他形式的照明相比，发热量更低。还有人说，LED 灯是一种更环保的照明形式，因为每个发光二极管可以使用约 10 年，且对能量的需求低。它们也不含汞，在处理时不会被归类为危险废物。大多数 LED 部件也是完全防水的。

特色灯光

不要与用于照亮主水族箱或为植物或珊瑚提供必须光源的灯具混淆，特色灯光纯粹是为了提供某种特殊效果。例如，照亮洞穴内部的装饰品或提供一束彩色光照。它们并

没有提供自然光，而是增强了水族箱的观赏性，并不影响鱼儿。

反光器

可以通过安装反光器来增加任何荧光灯管的灯光效果。材料是亚光白色或抛光铝板，使用时夹在光管上，并将所有的光线反射进水族箱。当你打开盖子时，它们也会保护眼睛不会被强光刺激。由于灯管和反光器的设计，会出现"重燃"现象，即反射光直接照射到灯管上而被浪费掉。为了防止出现"重燃"，与反光器一起使用的灯管最好是 T5 筷子灯管，因为它很薄，不能提供较多的表面积。消除"重燃"的最佳反光器是把侧面设计得看起来像海鸥翅膀。这种鸥翼形的反光器将光从灯管的顶部反射出来。

照明光谱 快速指南

- 淡水植物：2000~5500K（黄光）
- 海洋珊瑚用白光：10000~14000K（白光）
- 深水珊瑚用日光：20000K（蓝／白）
- 海洋珊瑚用蓝光：20000~50000 K（蓝色）

光谱

因为可供爱好者使用的灯具太多，所以很难做出选择。不过它们基本上分为两类：用于海水水族箱的灯具和用于淡水水族箱的灯具。在自然界中，阳光透过水时提供全光谱的光照，虽然光谱的部分被滤掉了。在淡

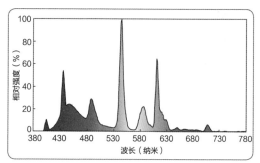

上图：日光灯光谱。

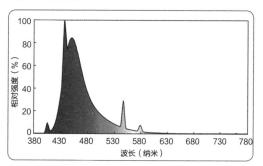

上图：海洋蓝光灯光谱。

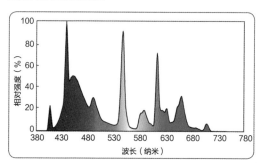

上图：增色光灯光谱。

水中，大部分太阳光能穿透浅水区域，所以水生植物能适应全光谱，测定其色温（开尔文等级）为 5500K。在水族馆使用这种色温，灯会看起来是黄色／白色。如果水被木材和叶子释放出的单宁染色，一些蓝色光谱将被过滤掉，所以在单宁染色的水中阳光的色温可能低至 2000K，这时水族箱看起来多呈现橙色。然而，当阳光照在海水中时，深度对色温产生重大影响。当它照进几米深的水，红色、橙色和黄色的光会首先被过滤掉，会留下蓝色光。所以水越深，光照中的蓝光也

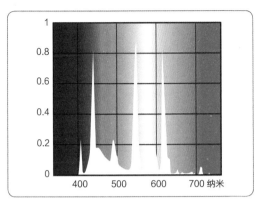

上图：全光谱灯管发出的光波覆盖了可见光的整个光谱范围。

> **小贴士**
>
> 要准确控制持续照明时间，请务必使用定时器。

越多，光的色温也越高。

海水水族箱用的白光灯管只可在几米深的水中模拟日光，这仍然会看起来很白，并且色温在 10000~14000K 之间。 为了模拟珊瑚礁上的深海水，甚至更深深度的黎明、黄昏甚至月光的光照，可使用 20000K 的照明。纯蓝光的色温大约是 50000K。一般用肉眼不能准确地读取开尔文评级，但是经验丰富的养鱼者通常可以通过看光照是黄色、白色还是蓝白色或蓝色来估算。照明厂商通常会在其产品的包装上标注色温和光谱图。

光照时间

照明时间取决于水族箱中养的生物。 在一个只有鱼、仿制岩和装饰品，或要么只有仿制植物或没有活的植物的水族箱里，你只需要点灯来欣赏鱼。每天 4 小时的光照看起来不是很多，其实鱼根本不需要任何人造光，鱼儿在室温光照下就很好，只在欣赏鱼儿的时候开灯。光线的不足意味着不会滋生藻类。

如果淡水水族箱中种有植物，或在海水缸中养殖珊瑚，那么提供的光照就需要模仿热带阳光持续时间，通常每天 10~12 小时。超过这个时间长度，植物不仅不能利用多余的光照来生长，反而为藻类的生长创造了条件。所以，需要通过计时器控制好每天照明的时间。

寿命

当你刚买灯时，灯光是明亮的，可达到必要的光谱和输出，但随着使用时间的推移，灯光开始衰减。因此，每年须更换新的灯管。

还需要什么

荧光灯管必须由控制器控制，确保灯管和电源连通，使你能打开和关闭照明。为了防止灯管落入水中，请使用夹子，然后将其固定到水族箱的反光罩和水族箱盖内部。集成化水族箱通常配有内置照明，包含灯管、控制器和开关。

> **术语说明**
>
> HO：高输出；VHO：非常高输出。

增氧器

上图：空气泵是一种有用且便宜的设备，可向水中曝气。

上图：潜水式充气泵，通过一根管子将空气导入水中。

　　氧气对所有水生生物至关重要，有多种方式为水族箱充氧。

空气泵

　　水族箱最常见的曝气形式是通过气泵。空气泵通常位于水族箱外面，并需要插入电源。它们通过振动橡胶隔膜工作，当泵内的隔膜振动时，空气被吸入，并通过薄橡胶管在压力下将空气泵入水族箱。为了产生更多的气泡，减少噪声，空气导管（管道）通常连接到小型多孔的气石上。

　　通过气石可将大气泡分散为细小的气泡，可使整个水体系统充分溶氧。气石和水泵有各种样式和尺寸，可以适应各种水族

箱。大多数气泵放在水族箱外，但有些型号现在被设计为可以在水族箱内部工作，不通过泵和文氏管在水下吸入空气。潜水式充气泵也可以和绚烂多彩的 LED 照明搭配，以创造绚丽的效果。

何时使用气泵

　　不是每个水族箱都需要额外的曝气，但是气泵几乎可以使每一类型的水族箱和池塘都受益。鱼需要氧气，通过增加额外的氧气来避免水体氧气不足，鱼儿也不会窒息。一些鱼类，如冷水物种，对氧气的需求比其他鱼类要高。自然情况下，冷水比温水含氧量大。室温水族箱中，冷水鱼可能会缺氧，所以所有的冷水水族箱都需要额外充氧。一些热带鱼天然栖息在氧气充足的水中，如快速流动的瀑布或瀑布的底部。如果进行额外充氧，鱼儿会更舒适一些。过度拥挤的水族箱一定需要额外的曝气，因为与鱼类的数量相比，水体表面积无法让足够的空气自然扩散进水体。过滤器也需要曝气，因为过滤器中的细菌是好氧性细菌，这意味着它们需要氧

上图：气石通过一根细管与气泵连接，在水下释放出细小的气泡。

气。氧气会让生物过滤器更高效地工作。

给病鱼充氧

气泵和气石是治疗病鱼的必需设备。如果鱼生病了，就会呼吸困难，如果有寄生虫感染，例如，金鱼白点病，寄生虫可能在鳃内，会进一步阻碍呼吸。用药会消耗水中氧气，所以你在治疗病鱼的时候，需要额外曝气。氧气也可以帮助解决水质问题，如果发现水体中含有氨或亚硝酸盐，就要给水体曝气，这样有助于过滤器中的细菌更快地恢复。

止回阀

使用外部气泵时，应始终安装简单有效的止回阀。其目的是允许空气从泵到水族箱的管道上自由通过，如果供气停止，则阻止任何水族箱的水回流。如果水进入泵，泵就会坏掉。因为气泵连接电源，所以也存在触电危险。除了那些设计用于水下的泵，其余的泵则必须安装止回阀。

其他曝气方式

强劲过滤器出口上的文氏管，可以吸入空气，并将细小的气泡注入水中。这种自由形式的曝气是大多数过滤器的附加功能，但如果过滤器停止，将失去过滤和曝气功能，那么鱼可能就会遇到麻烦。如果养对氧气要求高的物种，使用单独的气泵是更好的选择。

水草在白天产生氧气，在大多数情况下对鱼类来说足够了，但水草在晚上做着相反的事情——消耗氧气。在大多数情况下，种满水草的水族箱必须略有不同，以适应鱼类和植物。在大多数情况下，水表面应该进行充分扰动，这可以通过将过滤器放置在水面上方、水面上或正好在水面下来实现，从而产生波纹。

曝气购物清单

- 符合你水族箱尺寸的气泵
- 气管——长度足够从放置在水族箱底柜内的气泵到达水族箱水体底部，以防长度不够，应适当购买多些
- 止回阀——如果将气泵放置在水线以下，则必须使用
- 气石——任何尺寸和样式都可以，但大气石需要由大型气泵提供动力
- 气控龙头——调节进气量
- 夹子和吸盘——紧固气泵和气管，防止其漂浮

水质检测试剂盒

如果你养鱼，水质检测试剂盒非常重要。

水晶般清澈的水可能没有污染物，但也可能使鱼致死，唯一可以确定水体是否适合养鱼的方法就是水质检测。

水质检测试剂盒可以检测出水体污染程度是否过高，如果是，我们就需要采取措施。水质检测还能显示水的化学性质，如水体呈酸性还是碱性（这对养好某些品种至关重要）。事实上，不能过分强调水质检测试剂盒的重要性，在不同养鱼者的眼里，其重要性不同。有的养鱼者认为用水质检测试剂盒对水质进行监测是正确的，但也会犯一些基础性错误。有的养鱼者认为，水族箱里出现的一切问题都是养鱼会经历的，作为一位养鱼的爱好者，解决这些本应出现的问题会让你获得更大的满足。

什么时候检测

如果水族箱中的水质有问题，如一条鱼看起来病了，有经验的养鱼者会首先使用水质检测试剂盒来判断这个问题是否归咎于水质。请注意，水族箱中90％的问题与水质有关。如果你刚设缸，或者完全是养鱼新手，那么应该每周对水质进行检测。当你的检测表明水质有问题，如氨氮或亚硝酸盐含量很高，则就需要每天检测水质，同时记录结果，且应持续进行日常检测，直到找到问题所在并解决。

服务好的水族店一直都在为自己和客户进行水质检测。如果能够和养同类鱼的人一同交流，可以将自己的水质检测的结果及时分享。如果你能告诉专家你水质检测结果，他们会告诉你，水质是否好，是否有问题，是否可以养更多的鱼。

定期检测可以让你密切地了解你的水族箱及它的工作原理。随着时间的推移，你会知道什么时候换水，为了降低硝酸盐的含量需要换多少水，以及 pH（酸度或碱度）是多少，知道了这些，可以让你更清楚哪些鱼类与自己水族箱内水体 pH 相匹配。一旦水质稳定，则每月进行水质检测就可以了。

小贴士

检测试剂盒会过期，所以在检测之前请检查是否在保质期内。一些检测试剂盒如果与皮肤或眼睛接触可能是有害的。务必遵循包装上的安全说明。

检测试剂盒的类型

水族店提供的检测工具有几种形式，3种最受欢迎的是试纸、片剂和液体试剂盒。

试纸

试纸是最快速和最方便的检测形式，尽管不一定是最准确的。试纸由固定在其上的带指示纸的窄塑料条组成。将试纸浸入水中一两秒，当它变颜色时拿出来，然后与包装上的色卡比对。

大多数试纸只可以检测1个参数，如亚硝酸盐，但有些复合试纸在一个试纸上能将几个检测结合在一起，做到一目了然。典型

左图：试纸快速、安全、使用简单。

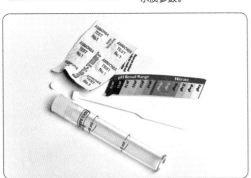

下图：片状试剂盒适合初学者，能检测各种范围的水质参数。

的复合检测条包括 pH、亚硝酸盐、硝酸盐、KH 和 GH（见下表），你还需要看看你所选的复合试纸是否也能同时检测氨氮水平，不是所有的**复合试纸**都能检测氨氮。如果没有，就需要购买单独的氨氮试纸。试纸使用一次后就扔掉，一包通常有 25 或 50 条试纸。

片剂

片剂试剂盒带有试管和色彩对比图，一般包括 pH、氨、亚硝酸盐和硝酸盐的检测试剂盒。用水族箱的水将试管装满到标记处，放入片剂，粉碎或摇匀直到溶解，然后对照色彩对比图，以确定浓度。片剂检测试剂盒适合给所有技能水平的养鱼者使用，但是最好放在儿童接触不到的地方。片剂检测通常进行单项指标的检测，如 pH，在这种情况下，

检测什么

通常检测以下几个水质参数：

pH	指示水的酸碱度，将水族箱中的水体化学特性与鱼儿天然栖息水环境做到一致非常重要。七彩神仙鱼自然地栖息在低 pH 的水中，而孔雀鱼天然栖息在高 pH 的水中。pH 相符，你的鱼儿会更加觉得生活在自己的自然家园。
氨	一种由鱼体排尿和呼吸产生的致死毒素。虽然鱼儿将氨释放到水中，但鱼儿却无法忍受，必须通过生物过滤器将氨除去。鱼儿一旦出现生病迹象时，就要检测水体中氨的浓度。
亚硝酸盐	硝化细菌在分解和转化氨时产生亚硝酸盐，对鱼儿也有非常大的毒性，必须进一步由生物过滤器中的硝化细菌转化成硝酸盐。鱼儿一旦出现生病迹象或新水族箱养水时，就要检测水体中亚硝酸盐的浓度。
硝酸盐	氨和亚硝酸盐转换的最终产物。虽然毒性比氨和亚硝酸盐小得多，但是如果任其达到高浓度，也会对鱼儿有害。通过换水来减少硝酸盐。
GH	一般硬度，反映了水中矿物质含量。硬水通常会有较高的 pH，软水的 pH 会很低，所以 GH 和 pH 是相关的。
KH	碳酸盐硬度，反映二氧化碳在水中的浓度。低 KH 对于植物生长更好。
磷酸盐	是一种天然植物肥料，但是如果不被植物吸收，会促使藻类生长。另外，它也对海水水族箱中的珊瑚有害。

数值是 20 的倍数，或者这样的试剂盒结合 pH、氨、亚硝酸盐和硝酸盐检测。它们通常被认为是准确的。

液体试剂盒

液体试剂盒被认为是最准确的。将指示液加入到充满水族箱水的试管中，将其摇动，然后将所得颜色对照色彩对比图以确定浓度。液体试剂盒通常包含几种试剂，用于一次性检测，并且需要添加特定量的指示液滴以使结果准确。液体检测试剂盒可检测很多指标，包括所有常见的水质指标，再加上 KH、GH、磷酸盐、钙、铁、溶氧量及二氧化碳浓度等。液体试剂盒有单一指标检测或复合指标检测 2 种，由于其含有化学物质，不应让幼儿接触到。液体试剂盒既准确且价格低廉，因为一些试剂盒可以检测 100 次或更多次。

上图：液体试剂盒是最准确的，检测范围最广。

右图：所有检测试剂盒都是通过比较颜色对照表来工作的。

底 质

家庭水族箱需要一些东西放在底部来固定水草，使鱼儿栖息，让水族箱变得更美。这些放在底部的东西被称为底质，有许多不同的种类可供选择。

小卵石

小卵石是经过清洗、光滑的惰性（即化学惰性）砾石，易于通过真空吸附保持清洁，适用于喜欢挖掘的中大型鱼类。其形状和颜色为任何淡水水族箱，或溪流或河流原生态水族箱提供清新干净的外观。通常采用5~10毫米粒度大小的小卵石。

银沙（石英沙）

银沙也有许多其他名字，但它基本上看起来像你期望在世界各地的海滩或儿童沙箱中发现的一样。这种沙非常细，放入水族箱

之前需要清洗。银沙在淡水和海水环境中自然产生，许多种鱼都适应在这些沙子里筛选食物，包括魟鱼、兵鲶和珠母丽鱼。银沙柔软、颜色浅。银沙太过细密而不能单独用来栽培植物，当铺设的厚度超过5厘米，这些沙子会凝结成块。当使用大型过滤器时，沙子会被吸入过滤器系统。

河沙

河沙可以和银沙一样细，或者是混合的粒度和形状，颜色为棕色、灰色或金色。它是惰性的。使用时需要洗涤，河沙是种植植物和延伸根系很好的介质。河沙可以用于任何淡水水族箱中，但在装饰精致的水族箱和原生态水族箱中尤其好看，因为河沙造就的中性底床，增强了鱼和植物的颜色。

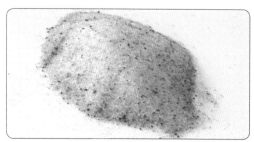

二氧化硅沙

二氧化硅沙砾为橙色，通常为1~3毫米粒度，惰性材质。常用在游泳池过滤器和商用水净化系统中用作机械过滤介质。可以用于各种类型的淡水水族箱中，当与底肥混合时，是植物生长的良好基质。

彩色砾石

彩色砾石是惰性天然沙砾，砾石覆盖着一层对鱼无害的保护漆。任何颜色都有，从黑色到蓝色，也有明亮的粉红色、橙色和白色以及其间的一切颜色。通常含有几种颜色的混合色砾石非常受欢迎，荧光光影也有。

彩色砾石在新手和那些想要给水族箱添加颜色的人中很受欢迎。这些砾石不会给鱼儿带来麻烦，虽然砾石引起的光影可能会"洗掉"鱼儿的色彩，但是喜欢使用伪装的棕色鲶鱼不会喜欢这样带有荧光粉红色的底物，也无法进行伪装的。较小的粒度对于植物来说更好。

珊瑚砂

顾名思义，这是由珊瑚小碎片组成的可放在海水水族箱内的底质。最常见于海水水族箱，但因其对 pH 和碱度缓冲性能可以很好地用于淡水硬水水族箱，如马拉维湖的慈雕鲷鱼水族箱。

由于珊瑚砂的颜色和质地特点，其在淡水水族箱中提供了一种"海洋景观"，尤其是与海洋岩石或凝灰岩相结合，但是与海洋岩石或凝灰会改变和提高 pH。因此它不能与软水种类一起使用，这也使得珊瑚砂不适合水草水族箱。

烤黏土

烤黏土由在非常高的温度下烘烤的黏土颗粒组成，这使得它们变得多孔和质地很轻。因此，它比正常的沙子或砾石要轻得多。有几种类型可供选择，通常用在水草水族箱中，因为它们能够释放有助于植物生长的有益矿物质。烤黏土正常的是红色或棕色，也可以是灰烬的颜色，它是惰性的，可以在淡水水族箱中独立使用，或与水草水族箱中的底肥结合使用。它给人的感觉很整齐而自然。

淡水水族箱装饰

石头

板岩

板岩是一种黑暗光滑的岩石，但有锋利的边缘。通常呈平整的板状，它可以用于堆叠和构造跨越间隙的小桥。它能用锤子轻易地分裂和破碎，且为惰性，适用于任何淡水水族箱。

鹅卵石

鹅卵石是中等到大的光滑石头，惰性，适合所有的淡水水族箱。大型鹅卵石是小溪、河流和马拉维湖风格水族景观的典型素材。因其质地坚硬、沉重，不好堆叠，所以在大多数情况下只能平置一层。光滑的边缘使它们适合放在养有笨拙物种的水族箱中，如各式各样体型奇特的金鱼。

海洋岩石

海洋岩石最初是在海洋中形成的石灰岩。石灰石只适用于海水鱼类和硬水、淡水鱼类。其明亮的色彩和突出的形状可用于构建有典型构造的水景，或者它可以用作基石，其上放置其他更贵的岩石。其自身可以堆放，但会非常重，所以必须采取措施以确保它不会掉落并打破水族箱的玻璃。

石灰华

石灰华是一种软而多孔的碳酸钙岩石（方解石），仅适用于硬水、淡水水族箱或海水水族箱。颜色亮丽，质地柔软，你可以在家里自己对这种石头进行钻孔，以创造出山洞和洞穴。它可以堆叠，当与珊瑚沙组合使用时，可以在淡水水族箱中展示一种海洋景观。现在这种石头使用得不多，因为有些专家认为这种石头能累积并释放硝酸盐到水体中。

火山石

由火山爆发形成的一种质地较轻、有着特殊纹理的石头。市面上常见的要么带有雕刻而成的孔，要么是块状结构，很容易被堆叠得很高，并且非常轻，即使它落下，也几乎不会对水族箱造成任何损坏。火山石是惰性的，适合任何水族箱，但是其粗糙的表面

不适合刮食藻类的鱼或笨拙的体型奇特的金鱼。购买之前要检查它是否下沉，因为一些火山石非常轻，内部充满了空气，会在水里浮起来。

木化石

木化石是已经变成岩石的几千年前的木材。它是惰性的，吸引眼球，从冷水水族箱、慈鲷水族箱到水草水族箱，可以用于所有的淡水水族箱。木化石相当重，你使用得越多越好看。

木头

沉木

现在对于任何用于水族箱的木材而言，沉木是一个包罗万象的名称，这些沉木很少来自沼泽地。沉木必须沉水，而且可以保证安全地与鱼放在一起，所以只能使用水族店提供的沉木。

沉木来自世界各地，有许多不同的尺寸

和纹理。它可以从大而重的大块木头到具有复杂的枝状结构，在热带水族箱中营造自然景观时非常受欢迎。沉木会释放单宁，将水体颜色染成棕色，这是正常现象。许多鱼类在野外天然环境中也生存在单宁染色的水中，如果你不希望你的水族箱中为棕色水，可以用活性炭去除单宁，或者在使用之前将木头浸泡数周。将木头放在水族箱中之前，明智的做法是先将木头浸泡。

枝叶

为了营造一个夸张的野生效果，可以使用叶子和树枝。在野外天然环境下，这种情况总是存在的，特别是许多鲶鱼伪装成树皮或树叶的颜色。将它与细沙结合使用，可以营造出一种逼真的亚马孙原生态地貌。

然而，使用叶子和树枝有一个隐患——它们在水中分解和腐烂，可能会产生霉菌。因此，在许多情况下或对于初学者，不推荐使用，如果使用它们则应该大量换水与大量过滤相结合。最好不要使用任何叶子，因为有些是有毒的。如果一定要用，那么山毛榉和橡树的叶子是安全的，它们的枝条也是安全的。使用前首先将这些枝叶煮沸，使它们沉水并进行消毒。

水生植物

养热带鱼时往往在水族箱里还会额外种植水生植物，水生植物既能让水族箱看起来漂亮，又有益于水中的鱼儿。

我们在大自然很少看到淡水水体中没有水生植物，水生植物通常生长在浅水区或者在水面以下。水生植物为鱼儿提供氧气和食物，是成鱼和鱼苗的避难所，甚至可以净化水族箱水质。将水生植物种植到你的水族箱，你的水族箱将会享受这所有的益处，还会让水族箱看起来棒极了。

植物需要什么

光

为了在水下生存，水生植物需要几样东西。光是最重要的因素之一，如果长时间缺少光照，所有的植物都会死亡。种植在水族箱中的大多数植物来自世界各地的热带地区，在那里全年几乎每天阳光都非常强烈。为了模拟热带阳光，就需要为你的植物提供明亮的光照，每天大约 10 小时。

养分

有了光照，接下来就需要养分。陆生植物仅通过其根部获得营养，但水生植物既通过其根部也通过其叶子来获取营养。

水族箱用的沙和砾石通常是惰性和无菌的，不能替代土壤给植物提供营养。一些非常好养的物种可以仅通过光和水就能得到养分，但绝大多数水生植物需要通过根部和叶子获得营养。要做到这一点，设缸时，在将砾石放在底质上面之前，你必须先添加底肥，然后每周或每天添加液肥，以供植物通过叶子吸收。

二氧化碳

最后，植物需要碳。这不应该与用于化学过滤用的活性炭相混淆，植物从二氧化碳中吸收碳。在水族箱中，我们通常不鼓励将过量的二氧化碳存在水中，因为高浓度二氧化碳会使鱼窒息。但在水草水族箱中，实际上还是需要添加少量的二氧化碳，仅供植物生长。作为回报，水生植物会产生氧气。

植物的选择

有数百种植物及其变种可用在水族箱中。无论是单棵的、成束的，或是盆栽的水生植物都可以从水族店或互联网上购买。

水生植物的大小，叶子形状，颜色和种植难度都有很大的差异。通常利用不同大小、形状和颜色的水草混合栽种，以形成一个水下花园。也可以采用很多种"园艺"风格，植物成行排列，将其从前到后逐渐升高的传统园林风格，或模仿天然水下景观的野生丛林风格，或岩石、沉木、底质和开放水域特征与植物本身一样重要的自然景观布置。无论采用哪种风格，必须首先了解所种植物的特性。一旦你知道如何成功培育水生植物，就可以专注于用这种方式来展示这些水生植物，以增强水族箱的美感，以及展示水草间嬉戏游弋的鱼儿。

配置

如果你选择种植水生植物，同时也养鱼，那么你的水族箱设置起来就略有不同。为了提供植物需要的3件东西（光、养分和二氧化碳），必须选择特别的照明系统，二氧化碳灌注设备，以及在加入设备之后的任何其他装饰，并且在加水或栽种植物之前，必须加入供植物生长的特殊底质。

水草种植设备

种植水草，就要有种植设备，就像在花园里一样，可以使用各种设备和工具来帮助你实现你的目标。

灯光

如果要水生植物生长，照明需要具有正确的色谱和持续照明时间。热带太阳光照是全光谱，当测量时，其色温为5500K。水生植物会在任何明亮的、色温在2000~10000K的照明下生长，但是低于5000K的照明将看起来相当于橙黄色，鱼儿的色彩则会表现不佳。（参见第27页的照明部分。）

使用反光板可以增强荧光灯的效果，定时器可以控制持续照明时间。

基于酵母发酵的二氧化碳系统

酵母发酵系统在发酵过程产生的副产物二氧化碳可以用来饲养水草。此系统的优点在于便宜、安全可靠，但是气体的产生开始很缓慢，零星化，且无法控制。基于酵母的二氧化碳系统更适合初学者和小型水族箱。

高压二氧化碳系统

作为添加二氧化碳的最佳方式，高压二氧化碳系统包括高压二氧化碳气瓶、压力调节器和扩散器。压力调节器可以减小高压气瓶的气体压力，并精细控制气体添加量。压力调节器可以通过针阀进行非常精细的调节，并且可以很容易安装上一些可选附件，如螺线管、夜间断气阀和气泡计数器。如果你想要一个可靠的二氧化碳气体供应装置，那么高压二氧化碳系统就是你的选择，但是由于高压气瓶的性质，它们不适合初级养鱼者或新手。压力调节器确保了各种尺寸的气瓶可供选择。

加热电缆

加热电缆用于在土壤基底中保持缓慢的氧气和营养物质流动。营养物质流以对流的方式缓慢运输通过基质，整个基质被变成了一个缓慢的生物过滤器。

二氧化碳扩散器

这对于将二氧化碳气体溶解在水中至关重要。扩散器有许多形式，从塑料梯状和螺旋状到陶瓷雾化器和文氏管样式的机头附件。它们都有不同的价格、设计样式和效果，任何样式都可以使用。陶瓷扩散器通常会带有玻璃罩，可产生细小的气泡，这些气泡依赖于水流将二氧化碳溶解在水中。20 世纪末梯状扩散器在欧洲广受欢迎，这种扩散器通过实现尽可能多的气泡和增加与水接触的时间，从而达到最大的溶解时间。气泡进入扩散器的底部，在其最终到达表面之前会通过

一系列挡板。气体在水中持续的时间越长，溶解越多，气泡越小。 螺旋扩散器的工作原理与此相同。文氏扩散器通过将气体注入泵的叶轮室来工作，将气泡捣碎成数千个微小的气泡，大大增加了它们溶解在水中的表面积和速率。

滴检

滴检也称为永久二氧化碳指示器，水滴检测器放置在水族箱内，通过改变颜色指示水体中溶解的二氧化碳的量。通过使用放置在其中的指示剂溶液，如果供植物生长的二氧化碳不够，蓝色液体仍保持蓝色；如果二氧化碳充足，则为绿色；如果二氧化碳含量太高，且处于对鱼有危险的水平，则为黄色。颜色变化也可以被用来作为测量水的 pH 和 KH 的参考。

气泡计数器

适用于高压或酵母二氧化碳系统，气泡计数器是一种玻璃的或塑料的装置，可快速检查进入水族箱水中的二

氧化碳含量。

气泡计数器对于一些扩散器不是必需的，因为气泡可以在底部进入扩散器时被计数。雾化器型扩散器需要一个气泡计数器。它们工作原理非常简单，通过将二氧化碳通过少量的水来产生可计数的气泡。

种植工具

镊子

镊子对种植个别纤细的植物非常有用。对于小的水草，用手指种植可能很麻烦，所以镊子是更好的选择，特别是当你将水草种植在干基质上时（即在充水之前）。因为手指可能会在你将水草尝试放开时再次意外拉出微小的茎。虽然任何镊子都可以使用，但是专用的水草镊子的尺寸往往使用更为方便。这些水草镊子开口量有不同的范围。

剪刀

与镊子一样，任何不锈钢剪刀都可以使用，但是水族专用剪刀是长柄的，这使其看起来更像医疗器械。剪刀用于种植时剪掉多余的根，或修剪茎。

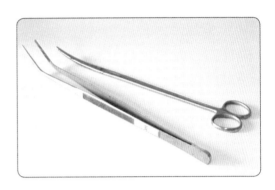

水草种植

当你从商店购买植物或在网上订购植物时，它们将以3种不同的方式到达：松散的单株植物，聚束植物或盆栽植物。所有类型都需要在种植前准备好。

聚束植物

聚束植物由几个捆扎在一起的有茎类植株组成，然后由泡沫条包裹根底部，放在金属增重带里。金属增重带是为了使这些被剪切的植株沉在水下且保持直立。金属增重带里的泡沫条是为了保护脆弱的茎。

虽然有许多品种的植物可以聚成一束，但有些品种以这种方式买比别的品种更好。

如上所述，聚束植物通常含有植物被剪切过的茎，而不是具有根部的整株植物。一些品种以这种方式可以生长得很好，包括水盾草（注：菊花草）、狐尾藻属和水蓑衣属的物种，但是有更复杂根结构的植物（它们通常通过根来获得营养），如亚马孙剑兰和椒草类，则以盆栽的方式购买更好。

种植成束植物时，要除去底部的增重金属带和泡沫条，解开松散的茎。每棵茎隔2~5厘米种植1棵，以使光线可以穿透到底部，并阻止茎下部叶子掉落导致该株有茎植物不美观。需用镊子种植带脆弱茎的植株。

盆栽植物

许多人认为这是购买有完整根系的整株植物的最佳方法。盆中的底质由矿物材料和岩棉组成，植物可以固定在岩棉中，通过这些材料，可以将液肥供给根部。虽然在购买时，植物会在矿棉中生长良好，但是在种植到水族箱底床之前，应尽可能多地除去矿棉。

为此，只需从底部罐盆拉出，用你的手指将矿棉从根上剥开。一旦棉被除去，另一个购买盆栽植物的关键优势就会显露出来——每盆通常不止含有一株正在生长的植株。与聚束植物一样，将单个茎分开，种植在底床中，株距为2~5厘米。

每株植物都要有根系，为了促进新的根系生长，应该在种植之前将根系前端修剪。在种植之前，具有大块根的植物种类，如亚马孙皇冠草，暗示你它们需要空间供新根生长，这证明了根对植物汲取营养的重要性。因此，需要给具有大块根的植物充足空间，并将其植入铺设有基肥的营养底床中。

选择植物的小贴示

- 只购买看起来新鲜绿色的植物，叶子上没有孔或任何黄叶子
- 检查你正在看的物种是不是真正的水生植物，有些不是
- 在多个品种中各选几种，因为植物成簇种植最好看，从一开始就大量种植植物有助于阻止藻类生长
- 关注水族店何时将收到新鲜植物，然后立即买回新鲜植物并种在水族箱里，以确保新鲜度
- 了解购买一定数量时是否有折扣

单株植物

在网上订购植物时你常会收到单株植物，这是植物栽培者对植物修剪后的植株形式。这些植物几乎已经为种植准备好了，但首先还是应该对根进行快速修剪。与聚束和盆栽植物一样，你需要将每株植物分开，并将每株茎分开种植。细茎应该使用镊子仔细地种植。

去除蜗牛

一些水生植物买来时会携带蜗牛或蜗牛的卵。水草水族箱中是不需要这些害虫的，需要在种植之前将其去除。把植物放在自来水急流下冲洗，最好是在种植前将植物浸在蜗牛杀虫液中。

种植步骤 – 单株植物

1 排列好每棵植物，准备种植。

2 修剪根系以促进新根生长。

3 使用镊子种植，在每株植物周围留下充足的空间。

种植步骤 – 聚束植物

1 从植物的基部除去金属增重带和泡沫条。

2 将成束植物分离成单株。

3 使用镊子种植，在每株植物周围留下充足的空间。

种植步骤 – 盆栽植物

1 除去塑料篮。

2 撕去缠绕根部的矿物棉。

3 分离成单株。

4 修剪根系以促进新根生长。

5 每株植物周围留下充足的空间。

水草图鉴

铁皇冠

学　　名	*microsorum pteropus*
大　　小	植株直径可达 30 厘米，高可达 30 厘米
原 产 地	东南亚
光　　照	弱到强
养护难度	很简单
要　　求	攀附生长在岩石或木材中

备注：铁皇冠是最好的水生植物之一，因为它生命力强、坚韧，能和强大而凶猛的鱼共存，还为各种水族箱提供一种古朴的自然风光。它不能种植在底床中，而应该用钓鱼线或棉线绑在岩石或木材上，其会在石头或木头上扎根。铁皇冠是一种生长缓慢的植物，有几个亚种可用，包括鹿角铁皇冠草和细叶铁皇冠。该物种通过在其叶的末端生长小芽来繁殖。

爪哇莫丝

学　　名	*taxiphyllum barbieri*（以前称为 *vesicularia dubyana*）
大　　小	叶片长达 5 厘米，但可以遍及整个水族箱
原 产 地	东南亚
光　　照	弱到强
养护难度	简单
要　　求	攀附生长在岩石或木材中

备注：爪哇莫丝是一种奇妙的植物，在沉木和岩石上生长良好，会让任何水族箱看起来非常棒。爪哇莫丝生命力强，有些鱼可能会在上面产卵。爪哇莫丝可以朝各个方向延伸，它通过分裂来进行繁殖。圣诞莫丝是一类相似种，其叶片组合结构更为有趣。需要用优良性能的机械过滤器来保持莫丝上无碎屑。

椒草

学　　名	*cryptocoryne sp.*
大　　小	长可达 75 厘米，取决于不同品种，但通常在 15 厘米左右
原 产 地	东南亚
光　　照	弱到强
养护难度	比较简单
要　　求	有养分的底床和稳定的水质

备注：拥有紧凑的形状，深绿色和红色的色彩，椒草是经典的前景植物。它们生长缓慢，不要求太多的光，但正因如此，它们需要一些时间才能长成。椒草需要一段时间来适应你的水族箱的温度和水质，因为它们在苗圃里是在水上进行培育的。新入水的椒草会出现爱好者所说的"溶叶"现象。椒草多数为比较短小的前景水草，但皱边椒草是一个例外，皱边椒草长得很高，应该栽种在水族箱的后景位置。所有的椒草都是通过走茎进行繁殖的。

亚马孙皇冠草

学　　名　echinodorus sp.

大　　小　高可达75厘米，但通常要小得多

原 产 地　南美洲

光　　照　中等至明亮

养护难度　中等

要　　求　有养分的底床

备注: 本品种是非常受欢迎的水族箱植物，宽叶皇冠草是最常见的。它们被称为焦点植物，应该是你水族箱中造景位置的焦点。皇冠草在成熟时会变厚，并长出一个粗壮的块茎，在茎上长出新植株来进行繁殖。新植株可以被剪切掉重新种植。虽然统称为亚马孙皇冠草，几乎都不是来自亚马孙河的，因为亚马孙河大部分没有植物。

槐叶萍

学　　名　salvinia natans

大　　小　长5厘米，高2厘米

原 产 地　亚洲和欧洲

光　　照　明亮

养护难度　很简单

要　　求　水表面为静水，高湿度有助于其达到最佳生长状态

备注: 槐叶萍属是可供热带水族箱使用的几种漂浮植物之一。传统上它被用来阻挡多余的光线，吸收营养物质，避免藻类暴发，也可作为小鱼苗的避难所，也可以隐蔽栖息在水表面、吐泡产卵的鱼类。像任何其他的水生植物一样，槐叶萍也需要添加液肥，它也会直接从大气中吸收二氧化碳。太多的槐叶萍可能会遮挡水下生长的植物所需要的光照，阻碍水体表面的气体交换。

热带睡莲

学　　名　nymphaea sp

大　　小　直径可达90厘米，高90厘米

原 产 地　世界各地的热带地区

光　　照　中等到明亮

养护难度　中等

要　　求　空间，有营养的底床和缓慢移动的水

备注: 热带睡莲是美丽的典型水草，长得像池塘荷花一样，叶子漂浮有蜡质感，会开花；叶子可以定期修剪，使得睡莲长出漂亮的水下叶。睡莲有鳞茎或块茎，其根部需要大量的营养物质，以刺激叶子快速生长。需要大型水族箱才能展示出其最佳姿态，甚至需要种在热带池塘里。太多的表面叶片会阻挡下面的光线，会减少气体交换的水体表面积。

绿菊花

学　　名　*cabomba caroliniana*

大　　小　高可达 90 厘米

原 产 地　南美洲

光　　照　中等到明亮

养护难度　简单

要　　求　很少

备注：由于其生长快速，长得很高，绿菊花应该种植在水族箱的
后方。它容易生长，只需要光和液肥，但是强光和添加二氧化碳
会促进绿菊花以每周几厘米的惊人速度增长。其羽状叶子使绿菊花能迅速填满周围空间，产卵繁殖的热带鱼可
能会在叶片上产卵，并且还为小鱼苗提供避难所。可以通过修剪从茎上长出的新植株来进行繁殖，并且不需要
根植于基质中。红菊花也是常用品种，但它对光和二氧化碳的要求更高。

血心兰

学　　名　*alternanthera reineckii*

大　　小　高 50 厘米

原 产 地　南美洲

光　　照　中等到明亮

养护难度　中等

要　　求　良好的照明

备注：血心兰作为绿色植物中的焦点而被选用，在荷兰式水族箱
造景中整齐种植时很受欢迎。如果光照不足和水体肥力不足，下面的一些叶子可能会掉下，其余叶子会变绿。
通过修剪顶端、重新种植来繁殖。

矮珍珠

学　　名　*glossostigma elatinoides*

大　　小　高 5 厘米

原 产 地　新西兰

光　　照　明亮

养护难度　困难

要　　求　高光，高水平的营养，高含量二氧化碳

备注：除非你提供足够的光照、营养物质和二氧化碳，否则这种
水草几乎不可能长期在水下生长，但如果你提供所需的一切，它将迅速蔓延到底床上，创造出非常令人愉悦的
草坪效果。开始种植时最好选单株，以防止长得太密，然后定期修薄，以防止其在自身顶部生长，导致太厚。

水蓑衣

学　　名　*hygrophila polyperma*
大　　小　高 75 厘米
原 产 地　东南亚
光　　照　中等到明亮
养护难度　简单
要　　求　良好的照明，一个深的水族箱

备注：水蓑衣是最容易种植的水族箱植物之一，也是生长最快的植物之一，每周高度可增加好几厘米。需要定期修剪避免过高，修剪日益增长的顶端，并重新种植。 市场上也可见粉红色叶子的品种，但有些专家认为粉红色的色调可能是因缺乏肥料造成的。 种植在水族箱后方。

水榕

学　　名　*anubias sp.*
大　　小　高可达 30 厘米
原 产 地　非洲西部
光　　照　弱到明亮
养护难度　简单
要　　求　种植在岩石和沉木上

备注：水榕是一种非常强壮、生长缓慢的植物，可耐受弱光和硬水，可与大型而凶猛的鱼一起养。不应该种植在底床中，而应用钓线或棉线与沉木或岩石绑在一起。水榕有好几个品种，长度从几厘米到约十厘米。水榕为任何水族箱带来了经典的古朴风情。

鹿角苔

学　　名　*riccia fluitans*
大　　小　高 1 厘米，水平铺展
原 产 地　全球
光　　照　明亮
养护难度　困难
要　　求　明亮的光照，高含量二氧化碳

备注：鹿角苔可以通过两种方式种植，既可以作为漂浮植物栽种（其野生形式就是漂浮植物），也可以作为系在沉木或岩石上的水下植物。 第一种方法很容易，因为它在水面靠近光，可以从大气中获得二氧化碳。 后者就困难些，因为鹿角苔需要高光和二氧化碳才能在水下生存，并且在短时间内总是浮出水面。 如果你可以让它在水下成功地生长，长成后它看起来会令人惊叹。

水兰（苦草）

学　　名　*vallisneria sp.*

大　　小　高可达 180 厘米，但通常为 90 厘米

原 产 地　全球

光　　照　中等至明亮

养护难度　较简单

要　　求　一个深的水族箱

备注：水兰是经典的水下水草，即使不养鱼的人也能将这种植物与溪流和河流相联系。它通常用于后景，为种植主题提供高度和自然的外观，还可以隐藏设备（如过滤器和加热器）。对于大多数水族箱来说，它太高了，但即使叶片漂浮在水表面，也会呈现出一种理想的景观，增加了自然的风情。水兰通过根部的走茎蔓延，繁殖很快，但它喜欢钙含量高的硬水。修剪通常采用去除走茎或将叶子削减一半，以促使新的植株增长。

宫廷草

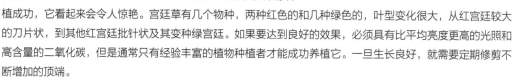

学　　名　*rotala sp.*

大　　小　高约 60 厘米

原 产 地　东南亚

光　　照　明亮

养护难度　中等难度

要　　求　高光，二氧化碳

备注：植物专家高度重视宫廷草，因为它很难生长，但如果你种植成功，它看起来会令人惊艳。宫廷草有几个物种，两种红色的和几种绿色的，叶型变化很大，从红宫廷较大的刀片状，到其他红宫廷批针状及其变种绿宫廷。如果要达到良好的效果，必须具有比平均亮度更高的光照和高含量的二氧化碳，但是通常只有经验丰富的植物种植者才能成功养植它。一旦生长良好，就需要定期修剪不断增加的顶端。

黑木蕨

学　　名　*bolbitis heudelotii*

大　　小　高约 30 厘米，宽 30 厘米

原 产 地　非洲西部

光　　照　低至明亮

养护难度　中等难度

要　　求　在岩石或木材上生长

备注：黑木蕨是西非原生态水族箱非常受欢迎的蕨类植物。它的生长速度缓慢，需要良好的光照，强水流和充足的营养才能长好。它叶子结构很有趣，绑缚在沉木上时，呈现出一种成熟而古朴的景观。它足够坚硬，可以与凶猛的鱼养在一起，那些喜欢啃咬植物的鱼不喜欢它的叶子。然而，由于其增长缓慢，很难辨别植物的实际生长状况。把它和莫丝结合在一起能营造出一种古典的景观。

喷泉太阳（刺蕊草属）

学　　名　*pogostemon helferi*

大　　小　高 5 厘米

原 产 地　泰国

光　　照　中等到明亮

养护难度　中等

要　　求　光照，二氧化碳

备注：对玩家来说，喷泉太阳是一个相对较新的品种，但非常受欢迎。从上方观察时，喷泉太阳呈现独特星状，叶片粗糙、呈皱纹状。应种植在前景位置。如果提供足够的光照，充足的二氧化碳和丰富的营养，喷泉太阳会通过走茎蔓延，形成地毯状，铺满前景位置，博人眼球。

迷你矮珍珠

学　　名　*hemianthus callitrichoides cuba*

大　　小　高 3 厘米

原 产 地　古巴

光　　照　很亮

养护难度　困难

要　　求　明亮的光照，二氧化碳，营养

备注：迷你矮珍珠是另一个相对较新的品种，非常受欢迎的前景植物，但是它不容易生长，一般只有有经验的专家才能种植成功。它是最小的植物之一，由走茎蔓延，在非常明亮的光照下，可以让水族箱的前景变成一张严密紧凑的绿色地毯。它紧凑的形状看起来非常整洁，是专业造景师们最喜欢的品种，这些专业造景师可以将他们的水族箱变成一件件活的艺术品。要购买新鲜植株，因为它会在不合适的条件下迅速衰败。

牛毛毡

学　　名　*eleocharis sp.*

大　　小　高可达 30 厘米

原 产 地　全球

光　　照　明亮

养护难度　中等难度

要　　求　明亮的光照，二氧化碳

备注：牛毛毡在自然界生长在水面线以上，如果要在水下生长好，则需要明亮的光照和二氧化碳。顾名思义，它非常纤细，很难将其分成单棵植株，但仔细点还是可以做到。常用的有两个品种 ——牛毛毡和迷你牛毛毡。在小型水族箱中，牛毛毡可以用作后景植物，但迷你牛毛毡都是在前景中使用。随着其生长，可覆盖整个底床，形成一层厚实的绿毯。牛毛很容易修剪，用剪刀剪短就行，牛毛毡通过走茎来繁殖。在光照不足的水族箱中，牛毛毡无法生存，在运输后几天内会腐败，所以，要确保牛毛毡的来源很新鲜，可从另一个已经成功在水下养殖牛毛毡的爱好者手中购买。

造 景

上图：装饰性水景设计迷人，受到新手养鱼者的欢迎。

"造景"是用于装饰水族箱的术语。每个水族箱都有一定程度的造景，因为设缸时装饰品已经安排好并放进去了。

造景有双重目的，一是使水族箱视觉上吸引人，另外可为你的鱼提供一个舒适的家。事实上，合适的造景会明显区分一个一般或漂亮的水族箱。如果你为某些特殊鱼类（洞穴栖息的慈鲷鱼）的繁殖要求进行水造景，你就会发现能繁殖的和不能繁殖的区别。

大多数水族箱设缸时，水族造景就会完成。但是有些水族景观，如水草水族箱或海洋礁水族箱，随着生物的生长和繁殖，景观将随着时间的推移而不断变化。

在任何造景完成之前，必须选择正确的装饰类型（请参见第39页）。这必须与你所设缸的类型相匹配，比如水草水族箱要铺设营养床，海水水族箱可用石灰岩和底床，淡水水族箱里需要用惰性岩石和底床。如果造景素材弄错了，你的水族箱可能无法正常运行。

设缸前也需要看看装饰物的纹理和功能，因为金鱼可能被困在小孔或洞穴中，而食藻鱼不喜欢火山岩的粗糙表面。

造景除了其功能性作用外，它还是一件小小的艺术品。可以从别处借用设计构思，来创造一件水族景观杰作。选择可以对你的鱼儿进行增色的装饰，设计吸引眼球的景观，安置好你的植物群或岩石组，以增强它们的视觉吸引力。

装饰性水景

养鱼新手或那些喜欢井然有序生活的人们，在他们的水族箱中同样也会看到井然有序的水景设计。一个具有装饰特性的设计看

下图：自然风水景具有挑战性，但受到更多经验丰富的养鱼者的喜爱。

上图：造景是在水族箱中布置装饰的一门艺术。

起来是人为创造的，会包含像沉没的船只、假山石或假沉木、用真的或人工水草和珊瑚等装饰成的整齐的景观。

装饰性水景水族箱看起来很整洁，只要它们发挥作用，鱼儿不会被干扰。明亮的非自然色彩可以用在底床和装饰物上，但是在这种情况下，鱼儿会喜欢更深的颜色，因为深色会让鱼儿更放松。

装饰性水景设计可以采用任何主题或外观，因为它们只需要满足造景师的个人嗜好。景观主题可以是一个水下亚特兰蒂斯、一个布置好的花坛或是一个里面一切都整齐划一的水草水族箱。

自然风水景

这种风格更受经验丰富的养鱼者欢迎，他们从大自然中获得灵感，并尝试将其复制到水族箱中，使鱼儿更有一种在家的感觉，并向观赏者展示水下世界的迷人景色。使用天然材料来构造这种风格的水景对鱼儿有许多好处，因为自然风水景中，鱼儿们可以像在野外一样自如行动，在植物之间嬉戏游泳，躲在石头和沉木下，伪装自己，刮食藻类，甚至繁殖。

原生态水族箱

原生态水族箱更进一步地展现了自然外观，因为它模拟了一个大自然真实的地点，比如非洲湖、亚马孙河或珊瑚礁区域。

在原生态水族箱中，只能选来自原产地的鱼，并选择装饰和布景，使其看起来像实际某地环境。如果装饰，水质条件和物种都与特定的原生地相匹配，鱼儿应该会很开心，因为你给鱼儿创造了另一个家。鱼儿的行为会更自然，展示出更好的色彩，甚至可能繁殖。

寻找特定的植物或珊瑚礁物种通常比选择鱼类要困难得多，因为鱼类的数据比环境的数据多得多。但关键点在于你要尽可能地创造一切和原生地相近的环境。

忽略捕食鱼

自然环境中有一个因素不能出现在原生态水族箱中，那就是捕食者和猎物。在野外，饵料鱼有机会在广阔水体中逃脱，但在水族箱的限制下，它们无处可去，这就使得鱼儿非常紧张，相当于将它们当作菜单上随时可能被吃掉的一道菜。所以只有选择原生地能共同栖息的品种才能和睦相处。

下图：原生态水族箱旨在为鱼儿模拟一个和自然栖息地一样的栖息环境。

养 水

在向任何水族箱添加鱼类之前，水族箱的水必须先养好，以准备好分解鱼类排出的污染物，这个过程称为养水。

为什么养水

鱼在呼吸和排泄时产生污染物。在野外，这些污染物被鱼儿生活环境中大量的水所"洗掉"并稀释。鱼儿不适应生活在自己的排泄物中，因为水族箱的体积有限，这给养鱼者带来了挑战，因为鱼不断污染它们所在的水体，但同时又不能容忍生活在被污染的水中。

过滤器可以处理鱼儿产生的机械、固体污染物，并有助于净水，但真正分解鱼类有害废物的是我们所看不见的细菌。养水就是引入细菌的过程，为细菌提供了一个家园，并在水体中建立起细菌的群落。

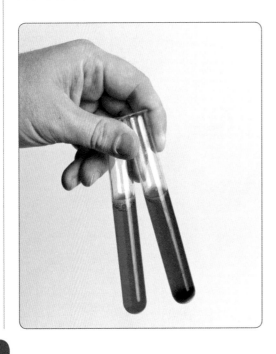

保持细菌健康

一个聪明的养鱼者经常会告诉你，要养好鱼，首先要养好水。为了养护一个健康的有益菌群体，可以通过流经过滤器的水流或气石的氧气泡来向细菌提供好的家园。细菌也需要呼吸。

如何养水

一旦水族箱充满水，过滤器接通电源，水被脱氯，就为培养细菌做好了准备。氯和氯胺会杀死细菌，所以氧水之前必须首先除去。接下来你需要引入正确类型和数量的细菌。最简单的方法是购买现成的菌种混合物，然后按照说明书将细菌倒入水中。

无鱼养水

没有鱼类的污染物，细菌就没有任何东西可以食用，数量会减少，最后死亡。简单的方法是引入一些鱼，引入鱼只的数量要确保鱼儿排出污染物水平能被新的细菌菌落有效去除，否则水质可能会改变，对鱼类造成威胁，甚至鱼儿会死去。

对无鱼养水最安全的方法是引进细菌，为鱼儿建立起有效的细菌群落。无鱼养水包括通过模拟鱼的存在来添加细菌以及合成氨源来饲养细菌。

可以直接购买化学氨剂，也可以从水族店买对鱼类无害的氨剂。

无鱼养水是将水族箱的水养成熟的最具道德的方式，因为鱼没有暴露在任何污染物中。使用强壮的鱼闯缸被认为是不可以接受的。

其他养水方式

细菌可以从已经养有一定数量鱼儿的成熟水族箱引入。在成熟水族箱中运行两个过滤器，将其中一个移到新水族箱中，使其立即为新水族箱养鱼做好准备。否则，从现有的水族箱中转移一些水或一些底质也可以引入大量必需细菌。

市场上"活的"底质也有带水打包的，配合细菌和食物以便在运输过程中保持底质的活力。这些可以用于提高现有水族箱中的细菌水平，或者给新设的水族箱带来启动生物。

放鱼

据说一些细菌发酵菌株很先进，声称可以立即为鱼儿准备好水族箱。事实上，使用的细菌发酵菌株意味着它们实际上需要由鱼生产的氨以保持生命。

但作者的意见是，应谨慎使用这些产品，要有一点耐心，缓慢养水，从长远来看效果更好。但是这样的起动器确实具有一些实用的优点，比如使用药物之后需要补充细菌群体或者长满细菌的滤材被意外地过度清洗以及更换新滤材的时候，补充一些这样的细菌发酵菌株是有帮助的。

新水族箱综合征

设缸时如果鱼引入太早，就会出现一个常见的问题。鱼开始排出污染物，但细菌不足以将其分解，这使得水体中污染物达到危险程度，使鱼类生病甚至死亡。一个新水族箱有水质问题，太早放入很多鱼，就表明此水族箱正在遭受新水族箱综合征。

小贴士

不要将成熟菌液添加到未经处理的自来水中，自来水中的氯会将好细菌和坏细菌都杀死。

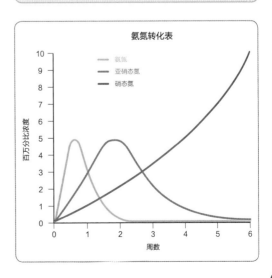

氨氮转化表

设 缸

现在，你对运行一个水族箱所要求准备的知识有了一定的了解，是时候来建一个水族箱了。 这是养鱼最有趣的部分之一，因为你实现了梦想，把生机和色彩带到了你的客厅。

开始

准备工作是设缸的关键，因为你第一次设缸时需要将所有的事情都准备好。当你准备好了所需的一切设备、装饰和水质稳定剂，清理出水族箱将要放置的地方，并安装准备放进水族箱内的设备和装饰。

请记住，水族箱需要靠近电源，通常需要一个可插入三个或更多设备的插排（过滤器、加热器和灯）。更复杂的水族箱，如海水水族箱，可能需要更多孔位的插排，这些都应该在水族箱注水之前整理好。

如何给水族箱注水。如果使用自来水，则需要一根软管或一个干净的桶将其从水槽转移到水族箱。软管更容易，但如果你忘记了正在注水，或者在注水期间因无人值守，

软管若从水族箱中掉落，就可能会给你带来麻烦。

也许你根本不会用自来水，而是选择纯度更高的反渗透（RO）水。你可以从水族店购买足够量的水来装满水族箱，或者使用家庭净水设备来获得纯净水，净水机制造纯净水比直接从水龙头接水要慢得多。

装饰素材

在放入水族箱之前，需要将装饰素材冲洗干净，特别是砾石。岩石和沉木也应该冲洗干净。 如前所述，值得检查的是，沉木会不会下沉，因为不是所有的木头都会下沉。如果没有，需要提前浸泡几天。 如果不希望沉木浸出的单宁将水弄脏，那么需要预先浸泡所有木材。

底质必须彻底清洗才能除去灰尘，因为底质被挖出的时候会充满灰尘，这会使水族箱的水变得混浊。需要将它们放在桶、漏勺或筛子中，用大量自来水仔细冲洗，直至水清澈透明，之后将它再放入水族箱。

人力

在设缸时，没有什么是简单的，所以给自己充足的时间。想想你认为会花多长时间，然后再将时间加倍，因为做这些事情不能太仓促。设备必须正

下图：养鱼时，水桶是必不可少的。

下图：用毛巾将水族箱周围的区域擦干。

上图：装饰素材必须在使用前冲洗，以清除灰尘。

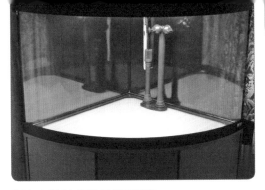

上图：在设缸之前准备是必不可少的。

确安装，装饰素材也应该从一开始就按照你想要的方式放置。一旦水族箱充满水，再想移动东西就不那么容易了，而且会导致底质颗粒被搅起，使水变得混浊。

开一口中型到大型的水族箱是一个体力活，所以需要找人帮忙，找的人最好有设缸经验。至少他们可以洗砾石、冲洗装饰素材。更重要的是，你是否考虑过如何在没有帮助的情况下将空水族箱和柜子移动到位，或者如果还需要拆解包装，那么在包装被取下时谁来抬它？如果有其他人帮忙的话，帮手可以在另一个房间内为你打开或关闭水龙头，或者在将外部过滤管切割至合适时帮你把它们固定在适当的位置。如果你忘记了一些基本的东西，他们可以帮你到水族店去购买。所有这一切将节省宝贵的时间并减少你的压力。

做好准备

购买比你需要的更多的脱氯剂，以防你计算错了水族箱的容积，或不得不倒掉水并重新开始。 将大量的毛巾放在地板上，以便吸入漏出的水，因为设缸时会流出很多的水，穿上旧衣服，因为你必定会弄湿自己。最后，在你附近水族店营业时间内设缸，如果你的过滤器在需要的时候无法正常工作，或你需要额外的东西而无法买到的时候，你就会陷入困境。

反渗透及其用途

通常缩写为 RO，反渗透是一种水净化过程。其起源于工业和科学领域，在这两个领域，需要非常纯净的水质，而自来水的质量不够好，无法达到这个目的。

将 RO 单元连接到主水管，在压力作用下，迫使自来水通过非常细的膜来净化，从而产生纯度为 99% 的水。 在被迫渗过膜之前，水需要通过机械过滤器预过滤以除去固体杂质，然后通过碳过滤器除去氯，因为这两者都会对 RO 膜净化水的能力产生负面影响。除纯净水（产品）外，RO 单元还将生产废水，其中包含所有由膜除去的矿物质和有机污染物。

为什么 RO 水对鱼有用？

与自来水适合人类一样，自来水里有许多添加剂，比如氯，对鱼有害，也对过滤器中的好细菌有害。纯净水不含氯、不含提高水体 pH 和 GH 的矿物质，以及可能引起藻类滋生的有机污染物，如磷酸盐和硝酸盐。在我们的水族箱中使用这种纯净水，我们就不用去除残氯，比起使用普通自来水，纯净水滋生藻类的可能性更小，由于没有矿物质，纯净水非常适合喜欢软水、pH 低的鱼类，像七彩神仙。对海水水族箱也是非常有用的，因为当与海盐混合时，它不会含有或添加任何对海洋生物有害的磷酸盐、硝酸盐或氯。

去离子剂或 DI，净化自来水，但是比 RO 高出一个等级，不会产生废水，但是价格更高。RO 和 DI 组合可以获得最佳效果和净水标准。

冷水鱼水族箱设缸步骤

冷水鱼，特别是金鱼，常常是人们初次会养的鱼。为这些冷水鱼们选择一个合适的水族箱，你就会连续多年享受到鱼儿带给你的舒适和放松。

金鱼真正需要的是空间，优质食物，经过滤器处理过的优良水质，定期的维护和合适的水族箱配件。不要试图将金鱼养在没有过滤的盆中。本节所示的水族箱能长期饲养扇尾金鱼，易于设缸和维护。由于水族箱里的植物为塑料植物，灯光只需要在观察鱼的时候打开，且不需要加热器，这样的水族箱属于低耗能水族箱。

对于那些喜欢很多色彩，又不想花费很多时间的人来说，金鱼是最完美的选择。扇尾金鱼有着吸引孩子的可爱外貌，以及温和的性情。

1 为你的冷水鱼选择大小适合的水族箱。记住，金鱼会长大，是杂食性鱼类，比热带鱼需要更多的空间和氧气。任何长度低于90厘米的水族箱都应只被视为暂时养殖单尾品种的地方。

2 安装过滤器，在本示例中，选用的是一个内置过滤器。这个过滤器可以处理金鱼的固体污染物，能调节水流，而且相对便宜，但是外置过滤器会更好，因为它可以处理更多的污染物。内置过滤器应安装在水族箱的上部后方角落，使其出口喷嘴位于水表面下方。在水族箱充满水之前，不要打开过滤器。

3 彻底冲洗直径3~5毫米的小卵石，放置在水族箱底部，铺设厚度约5厘米。选择小卵石是因为很容易用电动洗沙器来保持底床干净，颗粒大小和光滑的边缘使得金鱼在它上面搜寻食物时嘴巴不会受伤。

4 接下来放大的装饰物，如岩石或木头。对于扇尾金鱼，装饰物必须光滑，以免它们在锋利的边缘上被勾钩住身体；不要使用任何可能会将鱼儿卡在里面的洞穴或空心装饰，因为扇尾金鱼不擅长转向。在本示例中选择了平滑的鹅卵石。

5 在本示例中，选用塑料植物来进行额外的装饰，因为金鱼吃活的植物。在后面安排高的植物，在中间安排中等大小的，在前面放置短小的。将砾石放在植物的基部周围，以便固定住这些塑料植物。

6 用水管或水桶来给水族箱注水。在你注水时，为了防止砾石或装饰物被水流冲击而移动位置，可以使用漏勺来偏转水流的方向。将水注到离水族箱顶部几厘米内，或注到一些水族箱内自带的填充线处。金鱼用冷自来水养殖就可以了，在接下来的几天内水温会稳定地上升，直至达到室温。

7 脱氯。由于这是一个新充水的水族箱，可以先注满水，然后再进行脱氯。但是对于以后的所有换水，水在与鱼或过滤器硝化细菌接触前，必须先脱氯。按照产品说明书的指示用量为新水族箱使用脱氯剂。

8 将过滤器插入电源。这会让水族箱内的水开始流动起来，有助于扩散脱氯剂。让脱氯剂处理5~10分钟，以确保水质对鱼儿安全。

9 添加硝化细菌。这将为你的新水族箱带来第一批具有生物活性的生命，但是现在仍未为鱼儿做好准备。

10 连接灯具，将其安装到灯罩中，并把它插入一个灯光定时器。将灯罩放在水族箱上。检查过滤器是否正常运行，是否在正确的高度，以便它搅动表面的水并引入氧气。文氏管装置对金鱼有益，气泵也是如此。

11 通过加入氨源进行无鱼循环，每天用试剂盒检测水质，直到氨和亚硝酸盐均达峰值，然后降至零。然后加入第一条鱼。

12 成品水族箱。这种水族箱放入6条扇尾金鱼就可以了，很容易维护，布局简单。

热带鱼水族箱设缸步骤

热带鱼有很多品种，适合所有有能力、各种预算范围和不同养鱼水平的人。下面示范的水族箱装置适合初学者，创建简单，易于维护。本示例中用的是内置过滤器，但是可以用外置过滤器来替换。本示例选用了强壮的真水草，来创造一个自然的景观，当然也可以用塑料植物来替代。

如果你刚接触热带鱼，选择易养、不会长得太大、强壮的物种。热带鱼水族箱比冷水鱼或海水鱼水族箱容纳更多的鱼，从而可以通过各种各样的体形和色彩来展现一个繁华、生机勃勃的景观。

你可以按照本示例指南作为模板，水族箱可以简单地营造成一个原生态水族箱、繁殖水族箱或是一个养标本或怪鱼的水族箱。

1 热带鱼水族箱的大小必须与要放养的鱼儿相匹配。对由几组中小型鱼类组成的群体，需要80~100厘米的水族箱。不要添加任何平均身长超过10厘米的鱼类，因为所有的鱼都需要游泳空间。

2 安装过滤器，或在这种情况下，过滤器已经内置安装好了。这个集成化的水族箱出厂时已配有含3种类型的过滤介质的内置过滤器，用于机械、生物和化学过滤。如果选择外置过滤器，请将过滤器主体放在底柜下面，并通过管道连接工作。

3 热带鱼需要加热器或恒温器。将其以一定角度放置在后玻璃上以便让水流流过，或者在本示例中将其安装在过滤器内。将其设置为所需温度，在水族箱没有充满水前，不能将加热器或过滤器接通电源。如果为大型热带鱼或鲇鱼建立一个水族箱，则应安装加热器防护罩以防止鱼儿被加热元件烫伤，并保护加热器不被鱼儿损坏。

4 清洗底质，在水族箱底部铺设约5厘米厚的底质。本示例会用到水草，但这不是这个热带鱼水族箱的主要焦点，所以可以使用任何颜色和粒度的底质。如果你打算放养挖掘底沙的鲇鱼，如兵鲇属的鱼类，那么最好选用细沙作为底质，以方便鱼儿寻找食物时能够筛滤底质。

5 接下来安放大的装饰品，在本示例中，放置了3块大岩石和1块较小的岩石。岩石被放在一个视觉焦点的中心，3个堆叠在一起，较小的1个在侧面。当用水草装饰时，能提供一种自然的景观。

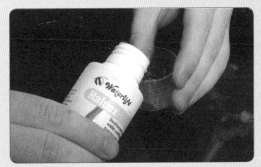

6 向水族箱注水。如果你想在亚马孙原生态水族箱中养喜软水的鱼，那么反渗透水是最佳选择。在这个阶段可以加入冷水，因为热带鱼在几周内不会被放入。

7 脱氯使水对鱼和硝化细菌都安全。按照说明书指示处理新水族箱。如果使用纯净水，请添加矿物质和电解质，这些物质对鱼类至关重要。过滤器通电可以帮助脱氯剂扩散，加热器也可以在这个阶段通电工作，且过滤器和加热器都应该持续运行。

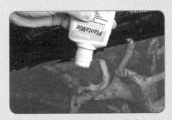

8 添加硝化细菌准备养水。

9 将一些好养的、强壮的水草种植在水族箱内，将最高的水草种在后面。高大的羽毛状的绿菊花用来隐藏过滤器材。继续将焦点水草种植在中景，小型地毯状水草种植在前景。

10 添加一些植物液肥来帮助水草快速生长。对于更复杂的水草水族箱，参见第64页。

11 将灯安放入灯罩内，并插入灯光定时器。推荐用促进植物生长和鱼体色增强型灯管。安装温度计进行温度监测，添加氨源，开始无鱼养水。当亚硝酸盐和氨浓度回归到零时，才可以放入鱼。

12 成品水族箱。由于热带鱼的选择广泛，可以选择生活在水的表面、中层和底部的鱼儿来展现各个水层丰富的色彩，欣赏鱼儿们在不同水层婀娜多姿的形态。放入食藻鱼以控制藻类在最低水平。

水草水族箱设缸步骤

水草水族箱的设缸步骤比普通的热带鱼水族箱要更难，其吸引眼球的关键地方是其健康的水草状态和水景的展示方式。

水草水族箱内的所有素材、设缸的每个细节都需要经过仔细研究和思考，不仅要给水族箱内的植物和鱼类提供最佳生长条件，而且还要让水族箱尽可能看起来美观漂亮。

本示例中所描绘的水族箱由超白玻璃制成，和普通玻璃相比，超白玻璃视野更清晰、铁含量低，即使沿其边缘看，视野也很清晰。为了营造一个极简风格的景观，这种水族箱没有边框或置于顶部的支撑杆，照明没有使用常规带灯罩放置在水族箱顶部的灯具，而是用单独立在水族箱上方灯支架上的"灯具"。

这种水草水族箱的目的是创造一种与鱼和植物共生的微型艺术作品。这种类型的装置被某些人称为高科技，尽管它小，但具有非常明亮的光照和大型外置过滤器，每天添加液肥。在这样的条件下，任何类型的水生植物都可以种植。由于光照充足，即使是非常难养的植物也可以在底部生长，而且会长得紧密矮小，呈现出类似于花园中草坪的效果。这种类型的水族箱，其装饰和水草种植的风格在爱好者们中非常受欢迎。

下面是如何建一个令人惊叹的水草水族箱的步骤。

1 水族箱和底柜。干净的外观设计旨在确保成景时不会对景观的观赏造成干扰。底柜上的孔用于穿过滤器的水管。

2 添加一层基肥。这对于种植健康的植物来说至关重要，因为它将在根部为植物提供营养。

3 以细砾石或粗沙覆盖在基肥上。这将为植物提供扎根的基质，并防止基肥受到干扰，进入水中。选择黑色底质以补充鱼和植物的颜色。

4 再加上"硬景观"，木头和一些岩石。这些将成为关键的焦点，所以，花时间安置它们，在加水之前，要尽量多多尝试不同的造型。

5 这种水族箱的前景会用植物完全覆盖。这个工作要先做，因为它需要的时间最多。请注意，在标准水族箱中，首先应种植后景植物。

6 接下来，在后面和侧边种植更多的植物。现在可以看到水草种植的全景了。种植过程中需用水经常喷洒植物，以保持植物湿润，直到完成水草的种植。

7 黑木蕨放置在木材和岩石之间，其自身将成为本水草水族箱的典型特征。后面的红色植物会长得很高，也会吸引眼球。

8 下一步添加二氧化碳和外部过滤设备。二氧化碳设备和过滤管都是透明玻璃设计。透明玻璃设备被称为"玻璃器皿"，在水草水族箱中非常受欢迎，因为玻璃设备不会影响植物的观赏性。

9 加入脱过氯的水。为了避免给植物带来应激，确保在注水前至少水温处于室温，并缓慢地将水注入水族箱，避免底床和种植在前景脆弱的水草被扰动。

10 这张图片展示了放在底柜里的外置过滤器，和加热器连接在一起，以及二氧化碳气瓶。液肥也可以放在底柜里。

11 加入肥料并打开加热器和过滤器。将灯光定时器设置为每天 10 小时，加入能让过滤器细菌繁殖的介质，并用检测试剂盒检测水质情况。只有当水族箱经过无鱼养水后才能加入第一条鱼。

12 成品水族箱。这些植物在短短几个星期后就显示出明显地增长，成景缸整洁、简约的设计可以放在任何客厅或办公室。

马拉维湖水族箱设缸步骤

本示例中马拉维湖水族箱的设缸展示了热带淡水水族箱是多么的丰富。为了展示一种海洋景观或一些与常规完全不同的东西，可以用珊瑚沙和像海洋岩石一样的石灰岩来装饰，但这个示例中选择了自然的大石头和沙子。

如果你想展示色彩和鱼儿的泳姿，马拉维慈鲷科（丽鱼科）鱼类就是最好的选择。慈鲷来自东非大裂谷的马拉维湖，在当地这种鱼被称为 Mbuna。它们身上有着让人惊叹的鲜艳的蓝色和黄色色调，会让人们误认为它们是海鱼，而且它们不用增加海水鱼所需要的特殊照顾，以及海水水族箱必需的设备和大量开支，也可以提供类似于海洋的景观。

马拉维慈鲷天然栖息在氧气充足的岩石岸边的碱性水中，所以水族箱中必须要放置岩石以供鱼儿觅食和繁殖。天然环境中，它们沿着岸边刮食藻类，会为了最好的领地互相进行争斗。为了克服在水族箱里争夺领地的特性，我们会大密度放养它们，这样某条鱼统治整个水族箱和挑选其他鱼儿的机会就会减小。马拉维慈鲷会在这样的水族箱内成功繁殖，作为口孵性种类，为了保护后代的成活率，雌性先把卵和鱼苗放在口中，等鱼苗长大点，才会在岩石之间吐出这些鱼苗。

1 选择一个大水族箱来养马拉维慈鲷，因为你会添加很多鱼儿。慈鲷平均长 15 厘米，活跃、具有侵略性。在本示例中，选择了一个长 120 厘米的水族箱。

2 安装过滤器。在本示例中，选了一个大而强劲的外置过滤器，能够处理这个过度拥挤的水族箱中鱼儿将产生的所有污染物。将过滤器主体放置在底柜下面，按照说明书分层放置过滤介质，并检查密封圈和叶轮盖是否安装到位。将较硬的入水管和出水管安装在水族箱内，并连接上软水管。将过长的软水管剪掉，以确保过滤器能很好地工作。

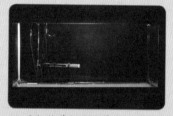

3 马拉维慈鲷是热带鱼，所以需要加热器来维持水温恒定。根据水族箱容量选择一个足够大的型号，并且安装加热器保护罩，因为脆弱的加热器附近会放置岩石。将其用吸盘吸附在后玻璃上，这个位置可以确保过滤器的水流流过加热器，从而帮助热量分散到水族箱。

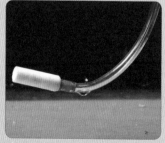

4 因为这个水族箱放养的鱼很多，所以需要一个气泵来对水体进行充氧。在水族箱外将水泵与止回阀、气管和气石连接。用夹子和吸盘将气石固定在水族箱相应位置。

5 放置岩石，在水族箱后部将石头堆砌起来，为鱼提供了大量的洞穴和藏身之地。任何岩石都可以用于马拉维慈鲷科鱼类水族箱，石灰岩可以用来缓冲水体的 pH 和硬度，还可以模拟海洋景观。将岩石直接放在水族箱的底部，以便鱼不能在它们的下面挖掘，导致岩石坠落。首先堆放最大、最平坦的石头，把它们放在适当的位置。将整堆石头靠在后玻璃上，以增加稳定性。设缸时轻轻晃动岩石，以检查它们会不会掉下来。

6 清洗底质，然后将底质放在岩石基部周围。不需要使用其他装饰，以免分散观赏者的注意力，鱼儿才是水族箱中最主要的焦点。

7 将自来水注入水族箱。最初几天水体会呈现一些混浊，但过滤器很快就会让水体变清澈。

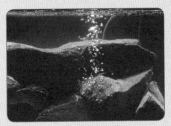

8 脱氯剂，加足量以处理整个水族箱中的水。

9 运行过滤器，打开开关和气泵。在过滤器和气泵共同作用下水循环起来，从而有助于脱氯工作的进行。将加热器插入电源并启动开关。

10 添加硝化细菌准备无鱼养水。强劲的、充满氧气的水将有助于硝化细菌的繁殖。

11 添加氨源，每天检测水质，不要添加任何鱼，直到氨和亚硝酸盐达到峰值并返回到零。使用温度计监测水温。

12 成品水族箱，与标准的热带鱼水族箱看起来非常不同。光秃秃的沙滩和岩石将与艳丽的鱼儿相映交错，整个景观将看起来简洁、时尚。由于马拉维慈鲷必须过量放养，才能将其侵略性最小化，因此120厘米的水族箱必须含有20条或以上相似大小的鱼。

水陆水族箱设缸步骤

一个水陆水族箱是部分水族箱，部分水草水族箱，部分装饰水族箱，这再次证明了养热带鱼的爱好可以多种多样。"paludarium"这个名字来自拉丁语的"palus"，意思是"沼泽"，本质上是一个植物水族箱，装饰半满，植物长出水表面。

为什么水陆水族箱只装一半水，答案是，水陆水族箱可以为两栖动物（如螃蟹，青蛙和蝾螈）提供完美的栖息地，而水则可以成为小型沼泽地鱼如鳉鱼和斗鱼的家园。

更重要的是，许多水生植物实际上是半水生植物，其根在水中，但是它们的叶子伸出水面。这样，它们可以利用丰富的太阳光和二氧化碳，同时也可以获得永久的水源和营养来源。

水陆水族箱可以由任何会装水的容器制作，但是水族箱或玻璃水晶球是最好的。使用水族箱灯光来促进植物生长、沉木和岩石营造陆地空间，结合水生植物和陆生植物来共同创造一个令人惊叹的微缩大自然景观。巧妙地使用内置过滤器可以创建瀑布，增强水陆水族箱的视觉效果，同时为陆地植物提供了额外的湿度，并为喜湿物种如苔藓和蕨类植物的生长提供充足的空间。

1 选择合适的水族箱。本示例是一个长60厘米且相当高的水族箱，在水面上方提供了一个大小正好的观赏区域，并有足够的深度将鱼养在水下。

2 安装内置过滤器。此款过滤器与其他款的区别在于，过滤器将被放置在水下的后面角落里，以便它可以在浅水中正常工作，但同时也将连接到将用于制造一个瀑布的PVC管。

3 安装加热器。同样的，加热器也要被平放，以确保它总是在水下。将其设置为自然条件下的热带水温，如果安装在靠近岩石的地方，使用加热器保护罩。

4 开始堆叠岩石和木头。在有内置过滤器的角落放置一堆岩石，这里会做成瀑布。要做成这样，把大的岩石放在底部，小的在顶部，把石头排成从前往后倾斜的样子。将连接在过滤器上的PVC管放在岩层的顶部后角。

5 将沙砾放在底部。任何砾石都可用，但这种红色的烤黏土对于植物生长有好处，并且与红色的火山岩瀑布相匹配。沙砾铺成5厘米厚，如果你想要水下植物生长状况良好，也要铺设一层基肥。

6 水族箱注入一部分水，10~15厘米深。这将在水面上留下足够的空间种植植物，但关键是要遮掩住过滤器和加热器，并为一些小型热带鱼留下足够的空间。

7 为了保证鱼、植物和两栖动物的安全，水需要脱氯。大多数情况下，自来水就可以了，除非你要养需要软水的鱼。

8 打开瀑布，如有必要，移动岩石以创造所需的效果。瀑布应该飞溅到岩石上并进行循环，为喜湿的两栖动物和植物提供一个很好的生存区域。为了让瀑布恰到好处，应选择一个可调整流量的内置过滤器或泵。在添加任何进一步的装饰之前，确保瀑布流是你想要的。

9 加入硝化细菌启动养水过程。接下来加氨水，每天检测水质，直到氨和亚硝酸盐达到峰值，然后恢复到零。

10 种植小型水生植物和漂浮植物，开始营造沼泽效应。

11 将大型陆生植物放在岩石和木材之间，在顶部创造出植物悬垂的景观。

12 成品水族箱。水陆水族箱可以是任何尺寸，可以从非常小到超级大，也可做成精致型，由于水陆水族箱能提供水陆两栖息地，它们适合多种鱼类、植物和两栖动物。瀑布的营造和陆生植物增添了水陆水族箱的美丽。

第二章

冷水鱼和热带鱼

买 鱼

买鱼是养鱼过程中最有趣的一件事，当你做好一切设缸准备后，你一直等待的就是去买鱼。

然而，重要的是不要做出草率的决定。如果你做出了错误的决定，可能会给你带来无尽的压力，而这压力根本与养鱼无关。

列一个清单

在你走进商店之前，如果你对自己想要的东西心中有个概念，这将有助于你做出选择。一旦你面对种类繁多的选择，你就会不知所措，就会迷失在你应该购买的东西上，甚至冒险做一些不合适的事情。

仔细阅读本书后面的鱼类介绍，列出你喜欢的种类，了解哪些鱼适合混养。从这个列表中，判断哪一个是最好养的，从而选择它做你的闯缸鱼。即使是最大型、养水最成熟的水族箱，也不能一次性养超过10条鱼，而中等大小的热带鱼的放养数量最好在6条左右。6条被认为是一个小鱼群，像霓虹灯这样的群居物种，在6条或更多数量的群体中会感到快乐。

一旦进入商店，就坚持按照你的清单选鱼，因为你知道你选择的鱼能和谐共处，鱼儿不会过大，从而超出你水族箱可容纳的数量。如果水族店没有你真正想要的鱼，甚至没有你的第二或第三种选择，那就最好不要购买，要么去别的地方买，要么让水族店帮你订购。

确保鱼是健康的

对没有经验的人来说选鱼不是一件容易的事，但如果水族店确实有你想要的鱼，那就仔细检查一下，以确保买到健康的鱼。一条健康的鱼应该有清晰的眼睛、完整的鳍，行动活跃（除非本身不爱动，很安静的鲶鱼）。健康的鱼身上不应该粘有长条状的粪便，鱼鳃的活动应该是稳定的或不吃力的。

不健康的鱼有一些典型标志，如白色斑点、斑块和真菌病，这些标志都表明鱼生病了，不应该选择。还要注意不要那些大口呼吸，悬挂在水面以下（除非它们生活习性就是那样，如斧头鱼），游泳不规律，或者在喂食时拒绝进食的鱼。

观察鱼的摄食状况

健康的鱼总是在寻找食物，当你买鱼的

买鱼时应做和不应做的事

应做的事

- 在购买前要确保你的水族箱里的水质合适，并确保过滤器准备好养鱼
- 记录你的水族箱尺寸、过滤情况和水质检测结果
- 列一个你已经有的鱼的清单
- 读水族店里的水族箱上的标签，以确保鱼适合你的水族箱
- 向店家询问许多关于鱼类兼容性的问题

不应做的事

- 不要一次买太多的鱼
- 如果你不熟悉那些鱼类，不知道它们会长多大，别买这样的鱼
- 如果你的水质检测显示你的水族箱里的情况不太好，那就别买鱼
- 如果你在治疗生病的鱼，就不要买新的鱼

时候，可以利用这个特性。如果你不确定某条鱼的健康状况，那就要求店家给鱼喂点食物。喂食后，鱼儿就会变得活跃，然后吃掉食物。如果不这样，它要么是由于疾病而不健康，要么是由于水族箱中的水质不佳而不健康，或者是新鱼，抑或是野生鱼，由于在运输过程中的压力或对提供食物不熟悉。不管是什么原因，那些不进食的鱼，你就不要买回家了。

问很多问题

　　一个好的店家会问你一些关于你的水族箱是否合适等问题，你也应该反过来问他们哪些物种能适应自己的水族箱。如果店家什么问题也不问，就直接让你买走你看中的鱼，这不太理想，因为你可能会买回给你添麻烦的鱼。正确的做法是先做做功课提前了解，然后问问水族店，最后再做决定。

　　关于养鱼，有一点是肯定的，那就是可供选择的水族店铺很多。不要在鱼的健康问题或是否可和其他鱼类和谐共处等还不确定的问题上妥协，等待一段时间，你肯定会找到你想要的合适的鱼。

运输鱼

小贴士

在带鱼回家的路上，把它们放在孩子够不着的地方。鱼在袋子里，很容易受到应激和被挤压，不要把鱼从棕色的袋子里拿出来，也不要将鱼暴露在光线下。

一旦你为刚买的鱼付了钱，离开了水族店，你就有责任让它们安全回家。

当店家给你抓鱼时，告诉他们你回家的时间，这可以让店家给你的鱼袋充足的氧气，以确保你能将鱼安全带回家。如果包装正确，鱼可以在密封的塑料袋中运输24小时或更长时间，给鱼包装应该由专业人士来完成，所以你最好不要在家里尝试。

在一个有1/3水和2/3的空气的袋子里，如果你的鱼数量没有过多，它们应该可以很容易存活几个小时。如果使用1/3水和1/3纯氧，鱼儿可以存活更久，所以一些水族店常用纯氧来包装鱼。

鱼儿运输时间也要考虑到带回家后适应家中水族箱水温的时间，因为一旦你把鱼带回家，你需要将装鱼的袋子放在水族箱水面上漂浮一段时间。为了安全起见，整个运输过程和适应水温的时间不应该超过4小时，但这也意味着你买鱼后有一定的时间将鱼安全地带回家。

装鱼的塑料袋通常被放在棕色的纸袋和一个可以将鱼提回家的袋子里。棕色纸袋的目的是挡住光线，让鱼平静下来，并且提供一定程度的隔离。

保温

如果你要运输热带鱼，首先要保持水的温度。如果水变凉，鱼就会受到应激，然后容易感染白点病；如果水温再低，鱼就有可能会死亡。

在长途运输中保持水温的最好方法是将装鱼的聚乙烯袋放入一个特殊的聚苯乙烯保温盒中，这从水族店可以买到。这样可以避

下图：在鱼被放入塑料袋后再检查一下，看是否有生病的迹象。

下图：为了长途运输，鱼袋里需要加注纯氧。

上图：鱼袋外面再套一个不透明袋子，以阻隔光线，让鱼平静下来。

上图：运输鱼最好的方法是用聚苯乙烯保温盒，可以保持水温并对碰撞进行缓冲。

免鱼儿受寒冷或极端高温的影响，免受颠簸和撞击。一个中等大小的聚苯乙烯保温盒可以装8~12袋鱼，所以值得买一个，在去水族店的时候把它放在车里。水族店也有只可装一袋鱼的小保温盒。

如果你没有聚苯乙烯保温盒，那就用毛巾或运动衫把袋子包裹一下，以保持水温。如果你开车，可以利用汽车发动机本身的热量通过风扇来保持鱼袋的温度，也可以用汽车空调，但要确保不会太热，因为高温也会给鱼带来压力。更重要的是，高温还能降低水中的溶氧量。

保证鱼的安全

现在你确保了运输途中的水温，下一个责任就是确保迅速将鱼带回家。在养鱼的所有过程中，你要确保鱼儿受到的应激最小。把装鱼袋裹在毛巾里，或放在盒子里，都可以屏蔽光照，有助于鱼儿平静下来。正如前面提到的聚苯乙烯保温盒，由于其隔绝性能和减震能力，是运输鱼的最好方式，但应该被平放在汽车后备厢里。如果不用保温盒，鱼袋就必须要固定或保持直立状态，这样既可以防止鱼袋在运输途中翻滚，也可以防止水溅得太多。

中等大小的袋子可以很好地塞进汽车后

排乘客座位上的搁脚空间里，而中型到大型袋子甚至可以用安全带固定在座位上。不要将鱼袋散放在车后备厢里，因为在回家的路上，鱼袋会不停地滚来滚去，也不要把它们挂在后备厢里，因为鱼袋会左右摇摆，撞到车子后备厢两侧，鱼儿会受到撞击，有可能会因此而死亡。

运输鱼时要做的五件事

1. 告诉水族店你的行程有多远。
2. 把这些鱼袋放进一个聚苯乙烯盒子里，让它们保持温暖（如果行程要1小时或更长时间）。
3. 让鱼儿在暗处。
4. 把鱼袋固定好，这样它们就不会滚动。
5. 尽快回家。

下图：一旦装好鱼，就把新买的鱼直接带回家。

放 鱼

一旦你将鱼带回了家，就要小心将鱼儿放入水族箱里。和运输一样，必须采取各种措施以确保鱼儿受到最小的应激。

温度驯化

这是放鱼的一个术语，即让鱼袋中的温度与水族箱中水温相同，并将两者中的部分水混合在一起。由于鱼自己不能保持恒温，它们受到周围水温的调节，同时，如果水的化学性质不同，鱼儿可能会受到应激，甚至会因此而死亡。

放鱼小贴士

- 在任何时候，一次往水族箱中添加的鱼越少越好，因为过滤器中的细菌需要时间生长以赶上新加入鱼的负载。任何时候一次加入的鱼不要多于 6 条。
- 缓解应激的添加剂可用于运输鱼类。虽然不是很必要，但一些液体产品声称在运输过程中可以缓解压力，可以在鱼店装鱼时加到袋子里，也可以在回家放鱼时加到水族箱里。
- 尽管常规做法是把新买的鱼直接放进家里的水族箱里，但是先把鱼放在一个单独的水族箱里进行隔离一段时间，会更好一些。参见第 127 页了解为什么和如何隔离。

鱼袋漂浮法

1 如果你的鱼被安全带回家了，那么第一步是关掉水族箱的灯（鱼儿原本在棕色纸袋或聚苯乙烯保温盒中，处在黑暗环境下，如果

这时猛然暴露在水族箱的明亮的光照下，就如同你在午夜时分突然开灯所遭遇的状态。把鱼放入到一个新水族箱的不熟悉的水环境中，鱼儿所受到的应激水平就会迅速升高。）打开袋子或盒子的顶部，给鱼儿几分钟的时间以适应从黑暗中到较弱的室内光线中。

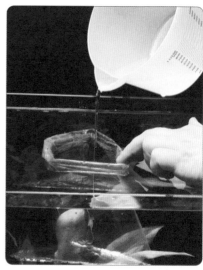

3 然后解开橡皮筋，或切断绳结来打开袋子。朝袋子里加入一杯水族箱内的水，然后离开。在接下来的 20 分钟内每隔几分钟重复这个过程，直到袋子里的水大部分来自于水族箱。最后的结果就是鱼儿在和水族箱内相同温度、相同水化成分的水中游泳。

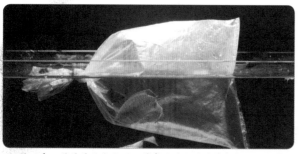

2 接下来，你需要平衡水温。最常用的方法是将未打开的鱼袋漂浮在水族箱的水面上。如果需要漂浮几个袋子，你可能要移走一些水，以容纳鱼袋里的水。一个一般大小的鱼袋大约需要 20 分钟的时间来平衡袋内外的水温。

4 用一个小捞网将鱼儿从漂浮的袋子里一条一条地捞出，再一条一条放进水族箱里。

5 把鱼袋里的水倒掉，因为它会含有在运输过程中鱼儿产生的氨。

6 在黑暗中观察鱼儿，确保它们游泳正常，有没有被水族箱里原有的鱼攻击。如果它们明显被攻击，而且状态很不佳，则用捞网捞出，如果你有多余的水族箱，就隔离在另一个水族箱里，或者放在原来运输的塑料袋里，并马上告诉水族店，你的水族箱里可能有无法和谐共存的鱼类，然后你需要立即带它们回到你原来购买的地方。如果鱼儿只是躲藏在水族箱的后面，则不用担心，这是鱼儿在不熟悉的环境里所表现出来的一种正常行为。你只需要观察鱼儿是否在几天后还是躲藏在那里。

7 新鱼在新水族箱里适应 1 小时后，再把灯打开，在接下来的一天里，每小时检查 1 次。

滴水方法

　　将鱼袋竖放在一个空桶里，然后用一根气管将主水族箱里的水慢慢地滴到打开的鱼袋里。这种方法对敏感物种特别有效，在放入海水鱼和无脊椎动物时，被广泛使用。详细步骤详见第 180 页。

冷水鱼图鉴

长尾草金

学 名	*carassius auraus var.*
起 源	中国
大 小	通常比较小，但可长到 30 厘米
水族箱大小	最小需要 120 厘米，但 180 厘米的水族箱或室外池塘是最好的选择
水族箱类型	适于单尾金鱼群体
水 质	4~30℃，pH 6.5~8.5
饲 养 难 度	简单
游 泳 水 层	所有水层
喂 食	杂食性，摄食片状、颗粒饲料，冰冻或活饵料
繁 殖	可以人工繁殖，雄性在鳃板和胸鳍上出现繁殖结节，而雌性肥满度增加，产漂浮性卵
繁 殖	充足的空间和强大的过滤系统

备注： 长尾草金是草金鱼体型更细长的变种，伴有长长的尾鳍，可以和常见的草金鱼及其他的单尾金鱼品种养在一起，但由于其体型较大，最好在室外池塘养殖。通常为橙色，但也有另一种很常见的红白相间的品种，叫红白长尾草金。

黑龙睛

学 名	*carassius auratus var.*
起 源	中国
大 小	成年时大约 15 厘米
水族箱大小	90 厘米以上
水族箱类型	冷水性扇尾金鱼群体
水 质	15~25℃，pH 7~8
饲 养 难 度	中等
游 泳 水 层	所有水层
喂 食	杂食性，摄食沉性颗粒饲料或碎屑，冰冻或活饵料
繁 殖	可以人工繁殖，雄性在头部、鱼鳃和胸鳍处形成繁殖结节，而雌性肥满度增加，产漂浮性卵
特 殊 要 求	需要与其他的扇尾金鱼共养，光滑的装饰

备注： 曾被称为"黑皇冠"，也有红色和印花布色的亚种，它们凸出的眼球增加了吸引力，既有扇尾的，也有蝶尾的，随着年龄的增长，它们身上出现更多青铜色的鱼鳞，而年龄大的鱼很容易患白内障。

高头

学　　名	*carassius auratus var.*
起　　源	中国
大　　小	可长到 45 厘米，但通常比较小，大约 15 厘米
水族箱大小	最小 90 厘米
水族箱类型	冷水性扇尾金鱼群体
水　　质	15~25℃，pH 7~8
饲 养 难 度	中等
游 泳 水 层	所有水层
喂　　食	杂食性，摄食沉性颗粒饲料或碎屑，冰冻或活饵料
繁　　殖	可以人工繁殖，雄性在头部、鱼鳃和胸鳍处形成繁殖结节，而雌性肥满度增加，产漂浮性卵
特 殊 要 求	需要与其他的扇尾金鱼共养，光滑的装饰

备注：高头因其头部长得大而著名，新手看起来就感觉鱼的大脑长在其头外面。短背高头容易出现浮不起来的问题，所以最好投喂沉性颗粒饲料，以避免这个问题。

兰寿狮子头

学　　名	*carassius auratus var.*
起　　源	中国
大　　小	成年鱼大约 15 厘米
水族箱大小	最小 90 厘米
水族箱类型	冷水性扇尾金鱼群体
水　　质	15~25℃，pH 7~8
饲 养 难 度	中等
游 泳 水 层	所有水层
喂　　食	杂食性，摄食沉性颗粒饲料或碎屑，冰冻或活饵料
繁　　殖	可以人工繁殖，雄性在头部、鱼鳃和胸鳍处形成繁殖结节，而雌性肥满度增加，产漂浮性卵
特 殊 要 求	需要与其他的扇尾金鱼共养，光滑的装饰

备注：狮子头看起来像高头，只是没有背鳍。尾鳍为短的扇尾，游泳不是很敏捷。有各种颜色，质量也不同。有很多鉴赏级别的狮子头亚种非常有价值。

草金鱼

学　　名	*carassius auratus*
起　　源	中国
大　　小	可长到 30 厘米，但通常比较小
水族箱大小	最小 120 厘米，但 180 厘米的水族箱或室外池塘是最好的选择
水族箱类型	冷水性金鱼群体

水　　　质　4~30℃，pH 6.5~8.5

饲 养 难 度　简单

游 泳 水 层　所有水层

喂　　　食　杂食性，摄食片状、颗粒饲料，冰冻或活饵料

繁　　　殖　可以人工繁殖，雄性在鳃板和胸鳍上形成繁殖结节，而雌性肥满度增加，产漂浮性卵

特 殊 要 求　充足的空间和强大的过滤系统

备注： 或许是世界上最常见的家养鱼类，也可能是最滥用的，通常养在碗里或在集市上作为比赛奖品赠送。草金鱼在大型冷水水族箱或者室外池塘中会长得更好，和同品种的鱼一起饲养。

琉金扇尾

学　　　名　*carassius auratus var.*

起　　　源　中国

大　　　小　成年时大约 15 厘米

水族箱大小　最小 90 厘米

水族箱类型　冷水性扇尾金鱼群体

水　　　质　15~25℃，pH 7~8

饲 养 难 度　中等

游 泳 水 层　所有水层

喂　　　食　杂食性，摄食沉性颗粒饲料或碎屑，冰冻或活饵料

繁　　　殖　可以人工繁殖，雄性在头部、鱼鳃和胸鳍处形成繁殖结节，而雌性肥满度增加，产漂浮性卵

特 殊 要 求　需要与其他的扇尾金鱼共养，光滑的装饰

备注： 扇尾金鱼成年后体背变得很高，这使得它们容易出现浮不起来的问题。有很多种色系，但红色和白色是最常见的。成年扇尾金鱼的头不会生长，这有别于高头。

珍珠金鱼

学　　　名　*carassius auratus var.*

起　　　源　中国

大　　　小　10 厘米

水族箱大小　最小 90 厘米

水族箱类型　冷水性扇尾金鱼群体

水　　　质　15~25℃，pH 7~8

饲 养 难 度　中等

游 泳 水 层　所有水层

喂　　　食　杂食性，摄食沉性颗粒饲料或碎屑，冰冻或活饵料

繁　　　殖　可以人工繁殖，雄性在头部、鱼鳃和胸鳍处形成繁殖结节，而雌性肥满度增加，产漂浮性卵

特 殊 要 求　需要与其他的扇尾金鱼共养，光滑的装饰，缓慢的水流

备注： 珍珠金鱼源于其外凸的鳞片，形似珍珠而得名。其球形的体型和短鳍，使得它们不擅长游泳，也容易出现浮不起来的问题。许多珍珠金鱼都喜欢栖息在水族箱底部，所以你在选择时要选一种活泼的、游泳正常的品种。黄冠珍珠金鱼是可以的，在它们成年的时候会在头顶长出一个大泡泡。

水泡金鱼

学　　　名　*carassius auratus var.*

起　　　源　中国

大　　　小　15 厘米

水族箱大小　最小 90 厘米

水族箱类型　单一品种冷水性群体

水　　　质　15~25℃，pH 7~8

饲养难度　中等　　　　　游泳水层　所有水层

喂　　　食　杂食性，摄食沉性颗粒饲料或碎屑，冰冻或活饵料

繁　　　殖　可以人工繁殖，雄性在头部、鱼鳃和胸鳍处形成繁殖结节，而雌性肥满度增加，产漂浮性卵

特殊要求　只能与其他水泡金鱼混养，需要有活动的空间，光滑的装饰或者无装饰品

备注： 这可能是最极端的人为创造的鱼类品种，眼睛下面挂着一个充满液体的袋子。水泡金鱼是一种很虚弱的鱼，游泳能力很差，容易受到水泡破裂和感染的影响，只能和自己的同类饲养在一起。

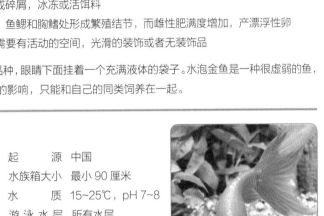

望天金鱼

学　　　名　*carassius auratus var.*　　　起　　　源　中国

大　　　小　15 厘米　　　　　　　　水族箱大小　最小 90 厘米

水族箱类型　单一品种　　　　　　　水　　　质　15~25℃，pH 7~8

饲养难度　中等　　　　　　　　　游泳水层　所有水层

喂　　　食　杂食性，摄食沉性颗粒饲料或碎屑，冰冻或活饵料

繁　　　殖　可以人工繁殖，雄性在头部、鱼鳃和胸鳍处形成繁殖结节，而雌性肥满度增加，产漂浮性卵

特殊要求　与其他望天品种混养，光滑的装饰或者无装饰品

备注： 望天是另一种极端的人为创造的鱼类品种，据说望天金鱼是为了看皇帝而生。结果就创造出了这种虚弱的品种，努力地和其他的扇尾金鱼品种竞争着。只能和其同类品种或水泡金鱼共养。

泥鳅

学　　　名　*misgurnus anguillicaudatus*

起　　　源　亚洲

大　　　小　最高可达 30 厘米

水族箱大小　120 厘米

水族箱类型　冷水性群居鱼类，但不与扇尾金鱼养在一起

水　　　质　5~25℃，pH 7~8

饲养难度　中等　　　　　游泳水层　底层

喂　　　食　杂食性，摄食沉性颗粒饲料或碎屑、片状饲料，冰冻或活饵料。要确保它的食物沉到水族箱的底部

繁　　　殖　可进行商业化繁殖，但不能在水族箱中进行。据说雌性产卵时会变胖

特殊要求　需要有隐蔽的地方，底部食物和空间

备注： 泥鳅因气压变化时出现反常的行为而得名。泥鳅很活跃，为没有加热设备的大型水族箱提供了非常特别的观赏性。由于它们是群居性物种，不适合与扇尾金鱼混养。很难驯化，应放养一群泥鳅。

温带鱼图鉴

天堂鱼（又称盖斑斗鱼）

学　　　名	*macropodus opercularis*
起　　　源	中国
尺　　　寸	7.5 厘米
水族箱大小	100 厘米及以上
水族箱类型	温带水草水族箱
水　　　质	15~25℃，pH 6~8
饲 养 难 度	中等
游 泳 水 层	中上层
喂　　　食	漂浮的片状饲料，冰冻或活饵料
繁　　　殖	可以在水族箱里繁殖，更大、更鲜艳、鳍更长的雄性和更丰满、土褐色更深的雌性组成一对。雄性吐泡沫筑巢，泡沫巢漂浮在水面上，诱使雌性来产卵，繁殖时具有攻击性
特 殊 要 求	需要种植水草

备注： 就像泰国斗鱼凉水性版本一样，天堂鱼好斗，对有小型鱼类的温水性水族箱来说，天堂鱼不是最好的选择。如果单独饲养，可以放在较小的水族箱中，但如果是一对进行繁殖的种鱼，则需要一个 100 厘米或以上的水族箱。

斑马鱼

学　　　名	*danio rerio*
起　　　源	印度、巴基斯坦、尼泊尔和缅甸
尺　　　寸	4 厘米
水族箱大小	60 厘米
水族箱类型	温带群体，热带群体
水　　　质	18~24℃，pH 6~8
饲 养 难 度	简单
游 泳 水 层	上层
喂　　　食	漂浮的片状饲料，冰冻或活饵料。频繁进食
繁　　　殖	可以繁殖，雄性更细长、色彩更鲜艳，雌性更大、更丰满。产漂浮性卵，很容易在水族箱中产卵
特 殊 要 求	与同种鱼混养，一般放养 5 条

备注： 斑马鱼是最好养的品种之一，便宜，容易得到。对初学者来说是最完美的练手鱼。能忍受温度的变化，适合放在无加热系统的水族箱。市场上也可见金色和长鳍亚种。

白云金丝鱼

学　　　名	tanichthys albonubes
起　　　源	中国
尺　　　寸	4 厘米
水族箱大小	45 厘米及以上
水族箱类型	温带小型鱼类群体
水　　　质	18~20℃，pH 6~8
饲 养 难 度	简单
游 泳 水 层	中上层
喂　　　食	吃破碎的浮性片状饲料，冰冻或活饵料。频繁进食
繁　　　殖	可以繁殖，常在水族箱中产卵，雄性较小，颜色鲜艳，雌性较大且丰满，产漂浮性卵
特 殊 要 求	需要混养小型温带观赏鱼，温带水温

备注：白云金丝鱼是非常好养的鱼类，对没有加热的水族箱来说是很好的选择。小体型意味着它们可以被饲养在小型水族箱中，是一种没有特殊要求的品种，市场上可见金色和长鳍的品种。

玫瑰鲫（又称玫瑰无须鲃）

学　　　名	puntius conchonius
起　　　源	印度、巴基斯坦、尼泊尔和阿富汗
尺　　　寸	最大 14 厘米，但通常不超过 6 厘米
水族箱大小	90 厘米
水族箱类型	温带鱼类群体
水　　　质	18~22℃，pH 6~8
饲 养 难 度	简单
游 泳 水 层	中层
喂　　　食	杂食性，摄食片状饲料、颗粒饲料、药片状饲料、冰冻或活饵料。频繁进食
繁　　　殖	可以繁殖，雄性体呈红色，散发出红色光辉，鳍呈黑色，雌性变大，腹部膨大，产漂浮性卵
特 殊 要 求	需要成群饲养，有充足的游泳空间

备注：玫瑰鲫是非常好养的鱼类。有多种不同的品系，包括霓虹和长鳍状的亚型，现在大多数的家庭品系比野生种更丰富多彩。

杂色剑尾鱼（又称金牡丹、金鸳鸯、三色牡丹）

学　　　名	xiphophorus variatus
起　　　源	墨西哥
尺　　　寸	7 厘米
水族箱大小	60 厘米
水族箱类型	温带鱼类群体
水　　　质	15~25℃，pH 7~8
饲 养 难 度	简单
游 泳 水 层	中上层

喂	食	浮性片状饲料，冰冻或活饵料，也啃食岩石上的藻类
繁	殖	很容易繁殖，为卵胎生鱼类，可以连续繁殖
特殊要求		为了避免骚扰应保持雌性比雄性数量多

备注： 杂色剑尾鱼与其他剑尾鱼如月光亚种，稍微有点不同，其天然色彩和水族箱繁育出的变种的颜色看起来也有些不同。有许多品系，包括高鳍亚种，杂色剑尾鱼更喜欢偏凉一点的水体。

佛罗里达旗鱼

学	名	*jordanella floridae*
起	源	美国南部
尺	寸	6 厘米
水族箱大小		50 厘米
水族箱类型		温带品种或温带群体
水	质	18~22℃，pH 7~8.2
饲养难度		中等
游泳水层		中上层
喂	食	片状饲料，冰冻或活饵料，药片状饲料，植物性饲料
繁	殖	可以繁殖，雌性一连好几天产卵，雄性色彩更加鲜艳，雌性在背鳍上有一个黑色的斑点，产漂浮性卵
特殊要求		无

备注： 佛罗里达的旗鱼有时被称为鳉鱼，但它们不像鳉鱼一样为常年可见的品种。更喜欢稍微凉一点的水，是一种色彩斑斓的温带鱼，但如果饿了，它们就可以慢慢吃掉其他鱼的鱼鳍。

爬岩鳅

学	名	*beaufortia leveretti*
起	源	中国和越南
尺	寸	7 厘米
水族箱大小		80 厘米
水族箱类型		温带溪流原生态类型
水	质	18~24℃，pH 6~8
饲养难度		中等
游泳水层		底层
喂	食	藻类薄片，药片状饲料，生长在岩石上的藻类
繁	殖	可以繁殖，但通常来说很少见，属于偶然性事件
特殊要求		湍急的水流，鹅卵石

备注： 此物种，以及一些看起来和行为都类似此物种的拟腹吸鳅属和思凡腹吸鳅属，都习惯在极端、快速流动的水环境中生活。它们需要大量的水流，可以刮食大块鹅卵石上的大量的藻类。

红尾胎生鳉

学　　　名	*xenotoca eiseni*
起　　　源	中美洲
尺　　　寸	6 厘米
水族箱大小	90 厘米
水族箱类型	温带群体
水　　　质	15~30℃，pH 6~8
饲 养 难 度	中等
游 泳 水 层	中层
喂　　　食	片状饲料、活饵料、冰冻饵料
繁　　　殖	可以在水族箱中繁殖，卵胎生，但繁殖力不如剑尾鱼和孔雀鱼那样强，雄性用一种不同类型的特化的臀鳍来受精
特 殊 要 求	放养的雌性比雄性的数量多

备注： 这种看起来很奇特的鱼成长过程中体色越来越鲜艳，对于温水性水族箱来说别有一番风味。这种鱼可能会慢慢啃食鱼鳍，所以只能和短鳍鱼饲养在一起。

钻石彩虹鲫

学　　　名	*puntius ticto*
起　　　源	巴基斯坦、印度、尼泊尔、斯里兰卡和泰国
尺　　　寸	10 厘米
水族箱大小	90 厘米
水族箱类型	温带群体
水　　　质	15~22℃，pH 6.5~7
饲 养 难 度	简单
游 泳 水 层	中层
喂　　　食	片状饲料、颗粒饲料、药片状饲料、冰冻或活饵料
繁　　　殖	可以繁殖，雄性更小、色彩更加鲜艳，雌性颜色较暗淡、体型更大和更丰满，产漂浮性卵
特 殊 要 求	与同品系其他鱼儿混养

备注： 和其他色彩缤纷的物种相比，钻石彩虹鲫常常被忽略。不过有一种称作奥德萨鲃的亚种，色彩非常丰富，对温水性水族箱来说可以锦上添花。

热带鱼图鉴

小型鲤科鱼和波鱼属

　　小型鲤科鱼和波鱼属是很受欢迎的一类观赏鱼，养鱼爱好者一直都爱用这类鱼。这类鱼大小、性情、体色各种各样，实际上有数百种鱼都非常适合混养在热带水族箱里，很多品种是热带鱼爱好者的主选。这类鱼主要在水体中层活动，应该成群放养在精心装饰的成熟水族箱中，在这样的水族箱中鱼儿会慢慢成熟，展示多彩的身姿，甚至可能会繁殖。饲养难度低，对环境要求不高。

三角灯

学　　　名　*trigonostigma heteromorpha*
尺　　　寸　5厘米　　　　　　水族箱大小　60厘米
水族箱类型　热带水族箱混养
水　　　质　22~28℃，pH 6~7.5
饲养难度　简单　　　　　　游泳水层　中层
喂　　　食　片状饲料，冰冻或活饵料
繁　　　殖　可以繁殖，但通常不能在水族箱中繁殖。雄性在侧腹有一块明显的黑色三角形图案，雌性腹部膨大。产卵于叶底
特殊要求　群居，成熟水族箱里有性情温和的其他鱼

备注：三角灯是典型的群居性鱼，非常容易饲养，非常平静的一种鱼。它们需要在成熟的水族箱里成群放养，在水草水族箱里数量众多的三角灯看起来令人震撼，市面上常见有在水族箱里繁育的品种如黑三角灯（又叫正三角灯），相近的物种包括其近亲——金三角灯和小三角灯。

虎皮鱼

学　　　名　*puntius tetrazona*
起　　　源　苏门答腊岛和婆罗洲
尺　　　寸　7厘米　　　　　　水族箱大小　90厘米
水族箱类型　与没有长鳍鱼的热带水族箱混养
水　　　质　20~28℃，pH 6~8
饲养难度　中等　　　　　　游泳水层　中层
喂　　　食　片状饲料，冰冻或活饵料
繁　　　殖　可以在水族箱里繁殖，但通常是在远东进行商业化繁殖。雄性更小、色彩更加鲜艳，雌性更大、更丰满，产漂浮性卵
特殊要求　大量地成群放养

备注：虎皮鱼是典型的热带鱼，但啃食鱼鳍的坏名声广为人知。为了避免出现这种趋势，需要放养较多的虎皮鱼，仔细喂饱鱼儿，给它们足够的游泳空间，不要把它们和任何长鳍鱼放在一起。市面上可见各类变种，包括绿色和白化品种。

一眉道人鱼

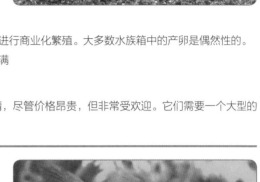

学　　　名	*puntius denisonii*			
起　　　源	印度	尺　　　寸	15 厘米	
水族箱大小	最小 120 厘米			
水族箱类型	热带水族箱群养			
水　　　质	20~25℃，pH 6.5~8			
饲养难度	中等	游泳水层	中层	
喂　　　食	片状饲料，冰冻或活饵料			

繁　　　殖　可以在水族箱里繁殖，但通常仅仅在远东进行商业化繁殖。大多数水族箱中的产卵是偶然性的。
雄性更小、色彩更明亮，雌性更大、更丰满

特 殊 要 求　水体有丰富溶氧，群居

备注：一眉道人鱼由于其明亮靓丽的色彩和温和的性情，尽管价格昂贵，但非常受欢迎。它们需要一个大型的水族箱和充足的游泳空间。

樱桃灯（又称红玫瑰、樱桃鲃）

学　　　名	*puntius titteya*	起　　　源	斯里兰卡	
尺　　　寸	5 厘米	水族箱大小	60 厘米	
水族箱类型	热带水族箱混养			
水　　　质	23~28℃，pH 6~8			
饲养难度	中等	游泳水层	中层	
喂　　　食	片状饲料，冰冻或活饵料			

繁　　　殖　可以在水族箱里繁殖，雄性变成亮红色，而雌性保持棕色和一条奶油水平条纹，产漂浮性卵

特 殊 要 求　群居

备注：樱桃灯是热带水族箱小型鱼极佳的选择。容易喂养，体色很快变得更艳丽，也很容易繁殖。在水族店里经常被忽略，把这些小鱼加到一个种满水草成熟水族箱中，雄鱼很快就会成为里面最靓的鱼。

条纹小鲃（又称黄金条）

学　　　名	*puntius semifasciolatus*			
起　　　源	中国	尺　　　寸	7 厘米	
水族箱大小	90 厘米			
水族箱类型	热带水族箱混养			
水　　　质	18~24℃，pH 6~8			
饲养难度	简单	游泳水层	中层	
喂　　　食	片状饲料，冰冻或活饵料			

繁　　　殖　可以在水族箱里繁殖，雄性身上有更多黑色的斑块，雌性更大、更丰满，产漂浮性卵

特 殊 要 求　群居

备注：条纹小鲃是一种中国南部的原生品种，呈浅绿色。耐寒、色彩丰富，温顺，易于饲养，其生长速度之快令人惊叹。它们甚至可以养在温水水族箱中。

鲶鱼

鲶鱼种类很多，主要是在夜间活动，是底层肉食者。它们大小不一，形状各异，行为也各不相同。很多鲶鱼是很受欢迎的水族箱鱼类。我们在水族箱中会利用好几种鲶鱼来清除表层和中层摄食者遗落到底层的食物。同样也利用一些带吸盘口器的品种来刮食除去所有表面的藻类。鲶鱼的这些优点使其成为养鱼爱好者的好帮手。这里仅给大家介绍几个有趣的品种。

太空飞鼠

学　　　名	corydoras and scleromystax spp.
起　　　源	南美洲
尺　　　寸	最大 8 厘米
水族箱大小	对一群小型鼠鱼来说，最小的缸需要 60 厘米
水族箱类型	热带鱼水族箱
水　　　质	20~28℃，pH 6~7.5
饲养难度	中等
游泳水层	底层
喂　　　食	沉水性的药片和薄片饲料，颗粒饲料，冰冻或活饵料
繁　　　殖	可以在水族箱里繁殖，雄性通常比较小，有较长的背鳍，雌性更大、更丰满，一对适合居住在水中 T 字形的物体里，卵常附着在水族箱的玻璃上
特殊要求	群居，底部需要铺设柔软的底沙

备注： 太空飞鼠可以作为鲶鱼中的绝佳选择放养在水族箱中，它们非常安静，占用空间小，能帮助清理水族箱中的残饵。有很多物种可供选择并且可以以同样的方式喂养。确保底质对它们来讲是干净的，且足够柔软，足够它们用精致的触须筛选。

橘红双须鼠鱼

学　　　名	synodontis spp.
起　　　源	非洲
尺　　　寸	最大 45 厘米，通常为 20 厘米左右，这取决于品种
水族箱大小	180 厘米或者更大，最小 120 厘米
水族箱类型	大型热带鱼水族箱
水　　　质	22~28℃，pH 6~8
饲养难度	中等　　　　游泳水层　底层
喂　　　食	沉水性颗粒料，药片状饲料和挤压颗粒料，冰冻或活饵料
繁　　　殖	橘红双须鼠鱼在自然情况下很少能在水族箱中繁殖，除了来自坦噶尼喀湖的白金豹皮。大多数能够使用性激素进行商业化繁殖，或者直接取野生已繁殖的品种。产散布性卵
特殊要求	大型水族箱，有供躲避休息的隐蔽区

备注： 橘红双须鼠鱼生存能力很强，耐寒、足够坚韧，可以和大型的、较暴虐的鱼如丽鱼科鱼和异型鱼混养。这种鱼在野外条件下属于群居性的夜行性的鱼类。但是在狭小的水族箱空间内，又会互相争斗。这种鱼又因其奇特的倒立游泳方式而为人所知。不要和小鱼混养，因为它们会吃掉小鱼。

小精灵

学 名	*otocinclus spp.*	起 源	南美洲	
尺 寸	3 厘米	水族箱大小	45 厘米	

水族箱类型　热带水族箱

水　　质　24~28℃，pH 6~7.5

饲养难度　中等　　　　　　　　游泳水层　底层

喂　　食　沉水性的药片状饲料，藻类薄片，藻类

繁　　殖　小精灵鱼很少能够在水族箱中繁殖或者商业化繁殖，绝大多数都是从野外获得。雄性比较小，身上有很多斑块，雌性更大、更丰满

特殊要求　群居，藻类食物

备注： 小精灵是水草水族箱、小型混养水族箱、纳米水族箱中的食藻高手，但值得一提的是，它们也吃亚马孙皇冠类水草的叶子。因为它们很小，所以放养一大群可以用来处理藻类的问题，它们可以和非常小的鱼饲养在一起。

清道夫鲶鱼

学　　名　*ancistrus spp.*

起　　源　亚马孙河流域

尺　　寸　15 厘米　　　　　水族箱大小　90 厘米

水族箱类型　热带水族箱混养

水　　质　22~28℃，pH 6~8

饲养难度　中等　　　　　　　　游泳水层　底层

喂　　食　药片状饲料，藻类薄片和其他沉水性食物，植物性食物如黄瓜

繁　　殖　可以在水族箱中繁殖，雄性更大，头上有明显硬毛，雌性较小，但更丰满，没有硬毛，需将卵产在洞穴中

特殊要求　基于藻类的饵料，隐蔽栖息处

备注： 清道夫鲶鱼是耐寒的鱼，在水族箱里常用来清除藻类。可以放养一群，由于它们不会长得太大，比起更大、更具破坏性的物种，它们是较好的选择。性成熟的鱼如果配对放养，可以在混养水族箱中繁殖，大多数水族店都是买进稚幼鱼以供销售。

豹斑脂鲶

学　　名　*pimelodus pictus*

起　　源　亚马孙河和奥里诺科河流域

尺　　寸　11 厘米　　　　　水族箱大小　120 厘米

水族箱类型　没有小鱼的热带混养水族箱

水　　质　22~28℃，pH 6~8

饲养难度　中等　　　　　　　　游泳水层　底层

喂　　食　片状饲料，冰冻或活饵料

繁　　殖　还没有发现在水族箱中繁殖的案例，雌雄没有差别，水族箱环境无法刺激繁殖，几乎全部的豹斑脂鲶都是从野外获得的

特殊要求　群居

备注： 豹斑脂鲶是一种美丽的聚居性的鲶鱼，非常活跃，但有一个小问题，它们习惯吃小鱼。不要把任何有长须的鲶鱼（如豹斑脂鲶），和足够小、能够一口吞掉的鱼混养。一大群豹斑脂鲶在有强流水的水族箱里会让人震撼。

盔平囊鲶（又称笑猫鱼）

学　　名	platydoras armatulatus
起　　源	南美洲　　　尺　　寸　25 厘米

水族箱大小　150 厘米及以上
水族箱类型　中型或大型鱼混养水族箱
水　　质　24~30℃，pH 6~7.5
饲养难度　中等　　　游泳水层　底层
喂　　食　沉性颗粒料和药片状饲料，冰冻饵料
繁　　殖　不能在水族箱中繁殖或者商业化繁殖，所有的鱼都来自野外，雌雄性别差异不清楚
特殊要求　需要有隐蔽的黑暗地方，投喂沉性饲料

备注： 盔平囊鲶幼鱼很受欢迎，看起来像美国传统的硬质薄荷糖，有黑白斑纹，在摄食时非常活跃。在水族箱里，逐渐长大的过程中颜色会消退，变得暗淡，更加夜行性。它们晚上也可能吃小鱼。如果水族箱里有蜗牛滋生的问题，可以放养这种鲶鱼，（据说这种鱼可以吃蜗牛），它们真的只适合放养在有许多隐蔽的黑暗区域的大型水族箱中。

玻璃蝌蚪鲶 / 帝王斑鸠猫

学　　名　platytacus cotylephorus
起　　源　委内瑞拉和巴西
尺　　寸　10 厘米
水族箱大小　75 厘米及以上
水族箱类型　南美洲原生态水族箱和小型热带水族箱
水　　质　24~28℃，pH 6~7.5
饲养难度　中等　　　游泳水层　底层
喂　　食　沉性颗粒料，冰冻或活饵料
繁　　殖　还没有在水族箱中成功繁殖，雌雄性别差异不清楚
特殊要求　松软的底沙，与小型温和鱼混养

备注： 帝王斑鸠猫是一种长相很奇怪的鱼，喜欢隐藏在松软的沙土中，也会隐藏在落叶和沉木之间。它们不喜欢为了寻找食物而四处游来游去，所以不应该与会抢食的鱼放养在一起。主要投喂冰冻饵料（如冰冻的水丝蚓）。最好把食物放在它们的鼻子前面。原生态的水族箱是最好的养殖容器。

饰纹管吻鲶

学　　名　farlowella vittata
起　　源　南美洲
尺　　寸　20 厘米
水族箱大小　120 厘米
水族箱类型　南美洲原生态环境和小型温和鱼热带水族箱
水　　质　24~28℃，pH 6~7

饲 养 难 度 中等   游 泳 水 层 底层

喂　　　食 藻类，植物性食物，沉性食物，药片状饲料

繁　　　殖 可以在水族箱中繁殖，但是很少见。雄性较大，鼻子边缘有鬃硬毛，雌性较小，但它们会因为怀
卵而变得丰满。需要把卵产在某个可以保护卵的地方

特 殊 要 求 软水，足够的空间，与其他小型温和鱼混养

备注： 饰纹管吻鲶完全展示了鲶鱼的多变之姿。你可以通过它们的伪装来了解它们在野生环境中如何完全融入
一个沉木的环境。给它们提供良好的水质和充足的食物。不要和侵略性强的鱼混养。

玻璃猫

学　　　名 *kryptopterus bicirrhis*

起　　　源 苏门答腊岛和婆罗洲

尺　　　寸 10 厘米

水族箱大小 90 厘米

水族箱类型 小型鱼热带水族箱

水　　　质 22~26℃，pH 6.5~7.5

饲 养 难 度 中等

游 泳 水 层 中层

喂　　　食 小型冰冻或活饵料，薄片状饲料

繁　　　殖 还没有在水族箱中繁殖的例子

特 殊 要 求 成群放养

备注： 玻璃猫是一种长相很奇怪的鱼，其名源于你能看到其内部结构。它们很活跃，需要在有一定流动水体的
水族箱里放养数量较多。不要和大型鱼或侵略性强的鱼混养，因为这些鲶鱼非常脆弱。

熊猫异形

学　　　名 *hypancistrus zebra*

起　　　源 申古河，巴西

尺　　　寸 6 厘米

水族箱大小 60 厘米及以上

水族箱类型 热带混养水族箱或者南美洲原生态水族箱

水　　　质 23~26℃，pH 6~7.5

饲 养 难 度 困难

游 泳 水 层 底层

喂　　　食 沉性食物，药片状饲料，冰冻饵料

繁　　　殖 可以在水族箱中繁殖，把卵产在洞穴里，雄鱼会保护卵。雄性更大，更有攻击性

特 殊 要 求 洞穴，高质量水，优质食物

备注： 由于 20 世纪末的水族馆贸易，熊猫异形被过度捕捞。当地政府颁布了一条出口禁令。这导致捕捞的熊
猫异形价格飞涨，使得人们投入大量精力进行人工繁殖。这是一种令人惊叹的鲶鱼，但对于初学者来说，熊猫
异形很好斗，在一个同时混养有更具侵略性鱼的水族箱中可能会被吃掉。

丽鱼科鱼

丽鱼科鱼是一种很吸引人的热带鱼，这科的鱼大小和行为变化非常大。然而，所有的丽鱼科鱼类都有一个共同的特点，那就是亲鱼都要保护后代。这一进化的飞跃确保其后代的存活率大大提高。一般来说，丽鱼科鱼的智力的确比普通的鱼高，而且由于其独特的繁殖策略和行为，使丽鱼科的鱼深受养鱼爱好者喜欢。

神仙鱼

学　　　名　*pterophyllum scalare*

起　　　源　亚马孙河流域，南美洲

大　　　小　10 厘米

水族箱大小　120 厘米

水族箱类型　热带鱼混养水族箱

水　　　质　24~28℃，pH 6~8

饲 养 难 度　中等

游 泳 水 层　中层

喂　　　食　片状饲料，冰冻或活饵料

繁　　　殖　可以在水族箱里繁殖，但成鱼几乎不可能进行交配，家养的神仙鱼不会很好地保护后代，经常一产卵就吃掉这些卵。野生的神仙鱼往往会保护它们的卵。需要成对放养，常把卵产在垂直的物体表面

特 殊 要 求　较高的水族箱

备注：神仙鱼在全世界都很受欢迎，尽管它们仅有 3 个野生物种，但却有适应于水族箱的数百种不同颜色的变种；你甚至可以买到长鳍的神仙鱼。虽然当它们的幼鱼看起来很像天使一般温和，但其成鱼表现得更像丽鱼科鱼，喜欢争夺领地，会摄食霓虹灯这样的小鱼。

英丽鱼（又称菠萝鱼）

学　　　名　*heros spp.*

起　　　源　亚马孙河流域

大　　　小　15 厘米

水族箱大小　150 厘米

水族箱类型　大型热带鱼混养水族箱

水　　　质　24~30℃，pH 6~7

饲 养 难 度　中等

游 泳 水 层　所有水层

喂　　　食　薄片饲料，药片状饲料，棒状饲料，颗粒饲料，藻类薄片，冰冻或活饵料。吃植物

繁　　　殖　可以在水族箱里繁殖，雄性在脸颊上形成一些弯弯曲曲的花纹（或称菠萝纹），而雌性的脸颊则是平的，无菠萝纹。雌雄自择配对，选择在岩石或木头上产卵。亲鱼有护卵和护幼行为

特 殊 要 求　大型水族箱，可混养大型但温和的鱼

备注：英丽鱼体型很大，属于性情温和的南美洲丽鱼科鱼，容易饲养。市场可见一种很受欢迎的金黄色的亚种，还有偶尔出现的野生亚种。英丽鱼需要养在大型水族箱中，有坚固的装饰，比较理想的装饰品为沉木，以此来复制其原生环境。投喂含有大量植物的饲料，水族箱内不要种植植物，因为它们会吃掉这些植物。

七彩神仙鱼

学　　　名	*symphysodon spp.*			
起　　　源	亚马孙河流域	大　　小	15 厘米	
水 族 箱 大 小	120 厘米			

水 族 箱 类 型　软水热带鱼混养水族箱或者单养水族箱

水　　　质　26~32℃，pH 5~7

饲 养 难 度　困难　　　　　　游 泳 水 层　中层

喂　　　食　颗粒饲料，冰冻或活饵料

繁　　　殖　可以繁殖，但通常不太可能在水族箱内交配。亲鱼配对后，雌鱼在垂直物体上产卵。仔鱼在能自由游泳后，靠吸食亲鱼身体上的黏液为生。

特 殊 要 求　酸性软水，频繁的进食，较高的水族箱

备注：七彩神仙是一种特殊的鱼，以圆满独特的形体、丰富烂漫的花纹、闪烁变幻的色彩、高雅的泳姿，令鱼迷们倾倒。它们高贵华丽，需要严格的适宜的水质，以及大量优质的饵料。在水族箱饲养时，如果不把它们放在第一位，就会导致它们体色暗淡，看起来无光彩。与野生亚种相比，养殖品种更耐寒一些，更容易饲养。据说七彩神仙有 3 个野生亚种。

荷兰凤凰

学　　　名　*mikrogeophagus ramirezi*

起　　　源　委内瑞拉和哥伦比亚

大　　　小　5 厘米

水 族 箱 大 小　60 厘米

水 族 箱 类 型　软水热带鱼混养水族箱

水　　　质　24~30℃，pH 6~7

饲 养 难 度　中等　　　　　　游 泳 水 层　中层

喂　　　食　片状饲料，冰冻或活饵料

繁　　　殖　可以在水族箱中繁殖，雄性更大，色彩更鲜艳，背鳍上有硬棘。雌性小些，腹部为粉红色的圆形。雌性在底质上挖一个坑来产卵或者直接把卵产在装饰物上。产沉性卵

特 殊 要 求　软水，装饰精美的成熟水族箱

备注：荷兰凤凰是最漂亮的热带淡水鱼之一，深受鱼迷们欢迎。它们需要成熟的水族箱和酸性软水，不合适初学者。需要成对放养，与其他喜软水的鱼混养。

红肚凤凰

学　　　名　*pelvicachromis pulcher*

起　　　源　尼日利亚和喀麦隆南部

大　　　小　10 厘米

水 族 箱 大 小　90 厘米　　　水 族 箱 类 型　热带鱼水族箱

水　　　质　24~28℃，pH 6~8

饲 养 难 度　简单　　　　　　游 泳 水 层　中层以下

喂　　　食　片状饲料，冰冻或活饵料

繁　　　殖　可以在水族箱中繁殖，雄性长得更大，活得更长久，雌性腹部呈粉红色，配对后在洞穴产卵，亲
　　　　　　鱼有护卵和护幼行为

特 殊 要 求　洞穴，配对放养

备注： 对于初学者来说，红肚凤凰是最适合的丽鱼科鱼之一，这种鱼的护卵和护幼行为很好地解释了人们为什么会被丽鱼科鱼吸引住。更特别的凤凰也有，色彩斑斓的棋盘短鲷与红肚凤凰亲缘关系很近。

地图鱼

学　　　名　*astronotus ocellatus*　　　起　　　源　亚马孙河流域

大　　　小　35 厘米　　　　　　　　　水族箱大小　180 厘米

水族箱类型　非常大型的热带混养水族箱和单养水族箱

水　　　质　24~30℃，pH 6~8

饲 养 难 度　中等　　　　　　　　　　　游 泳 水 层　所有水层

喂　　　食　微粒饲料，棒状饲料，鱼、贝类、蚯蚓，大型的冰冻或活饵料

繁　　　殖　可以在水族馆里繁殖，但很稀少。在远东进行商业化繁殖，虽然它们几乎不可能交配。在水族箱
　　　　　　里放养全雌性很普遍

特 殊 要 求　大型水族箱，强大的过滤系统

备注： 地图鱼是一种向主人求乞的大型"宠物"鱼。对于同水族箱饲养的其他鱼儿来说，地图鱼会使这些鱼儿的生活变得很糟糕。如果为了配对，需要从小放养在一起，一起长大，只能混养强壮的鱼，比如异型类的甲鲶，及其更大的近缘。清除地图鱼制造的垃圾需要依靠强大有力的过滤系统。

双斑伴丽鱼（又称红宝石鱼）

学　　　名　*hemichromis spp.*　　　起　　　源　非洲西部

大　　　小　最大 15 厘米，但通常比较小　水族箱大小　90 厘米

水族箱类型　大型热带混养水族箱或单养水族箱

水　　　质　21~28℃，pH 6.5~7.5

饲 养 难 度　中等　　　　　　　　　　　游 泳 水 层　所有水层

喂　　　食　片状饲料，微粒饲料，棒状饲料，冰冻或活饵料

繁　　　殖　可以在水族馆里繁殖，自行配对，有护幼行为。雄性更长，鱼鳍也更长点，成熟的雌鱼在腹部周
　　　　　　围形成一个矩形的结构和通气孔。产沉性卵

特 殊 要 求　与强壮的其他鱼类混养，成对放养

备注： 双斑伴丽鱼在水族店中很常见，尽管它们是混养水族箱的糟糕选择。它们极具掠夺性，会吃掉小鱼。所以只能混养比它们大的非丽鱼科鱼。市面上有几个品种很常见，容易繁殖。

非洲王子

学　　　名　*labidochromis caeruleus 'yellow'*

起　　　源　马拉维湖、非洲东部

大　　　小　12 厘米　　　　　　　　　水族箱大小　120 厘米

水族箱类型　马拉维慈鲷混养水族箱或单养水族箱

水　　　质　24~28℃，pH 7.5~8.5

饲养难度　中等　　　　　　　　　游泳水层　所有水层

喂　　　食　片状饲料，植物性饲料，微粒饲料，棒状饲料，冰冻或
　　　　　　活饵料

繁　　　殖　可以在水族馆里繁殖，雌性将卵或幼体含在口中保护。
　　　　　　雄性大些，鳍的边缘呈黑色。雌性腹部呈白色，更膨大。
　　　　　　雌雄没有特化的性器官

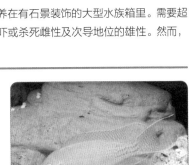

特殊要求　需要马拉维慈鲷混养水族箱，硬碱性水，水族箱里面放置岩石

备注： 非洲王子靓丽非凡，漂亮的只应该和其他的马拉维慈鲷一起放养在有石景装饰的大型水族箱里。需要超密度放养，以确保那些具有强烈领域意识的占主导地位的雄性不会恐吓或杀死雌性及次导地位的雄性。然而，尽管属于马拉维慈鲷，非洲王子却是性情最温和的鱼之一。

美新亮丽鲷

学　　　名　*neolamprologus pulcher/brichardi*

起　　　源　坦噶尼喀湖、非洲东部

大　　　小　7 厘米　　　　　　　　水族箱大小　90 厘米

水族箱类型　坦噶尼喀湖慈鲷混养水族箱或单养水族箱

水　　　质　24~28℃，pH 7.5~8.5

饲养难度　中等　　　　　　　　　游泳水层　中下层

喂　　　食　片状饲料，冰冻或活饵料

繁　　　殖　非常多产，可以和同一家族的几代鱼混养在一起形成一个超级家庭。交配很困难，最好让雌雄自
　　　　　　行配对，洞穴内产沉性卵

特殊要求　硬碱性水，石景水族箱

备注： 美新亮丽鲷很容易繁殖，一旦开始繁殖时，则很少停止，随着家庭成员越来越多，混养的其他鱼被容忍的越来越少。对于那些想要繁殖它们的第一个丽鱼科鱼的人来说，这条鱼的繁殖会是一个有趣的项目。但是尽管水族箱超负荷了，也很少有人会将新繁育的仔鱼重新放在一个新水族箱里。

黑带娇丽鱼（又称九间始丽鱼）

学　　　名　*amatitlania nigrofasciata*　　起　　　源　美国中部

大　　　小　10 厘米　　　　　　　　水族箱大小　90 厘米

水族箱类型　大型热带鱼混养水族箱、慈鲷混养水族箱或单养水族箱

水　　　质　24~30℃，pH 7~8

饲养难度　中等　　　　　　　　　游泳水层　中下层

喂　　　食　片状饲料，微粒饲料，冰冻或活饵料

繁　　　殖　非常多产，雄性更大，鳍更长，雌鱼在腹部会形成一块色彩鲜艳的区域。配对后，洞穴产卵，能
　　　　　　凶猛地护卵和护幼，产沉性卵

特殊要求　洞穴，成对放养，与顽强的其他鱼类混养

备注： 黑带娇丽鱼是一种很容易繁殖、耐寒的丽鱼科鱼，但这也是它们的缺点。如果有一对被放在一个混养水族箱里，它们会迅速地繁衍，然后会恐吓水族箱内其他鱼，因为它们会尽力护着它们的幼鱼并寻找食物。由于它们太多产了，以至于许多水族店都不会给它们的后代重新分水族箱饲养，所以它们大部分很不值钱。

红肚火口

学　　　名	thorichthys meeki		
起　　　源	尤卡坦、墨西哥、贝里斯和危地马拉		
大　　　小	15 厘米	水族箱大小	100 厘米
水族箱类型	中型到大型鱼的混养水族箱		
水　　　质	26~30℃，pH 6.5~7.5		
饲养难度	中等	游泳水层	中下层
喂　　　食	片状饲料，微粒饲料，棒状饲料，冰冻或活饵料		
繁　　　殖	可以在水族箱里繁殖，配对成功后会产沉性卵，捍卫巢穴，保护后代，雄性略大，色彩更丰富，鳍更长		
特殊要求	岩石、沉木和能够寻找食物的砾石、空间		

备注： 红肚火口是丽鱼科鱼中很受欢迎的一种，但相对于美洲慈鲷而言，爱好者们更偏爱非洲的慈鲷，导致红肚火口受欢迎程度有所下降。一旦长成成鱼，它们就会变得色彩鲜艳，火红的咽部，泛着红色光泽的银灰色躯体夺人眼球。尽管它们是中美洲最温和的慈鲷之一，但当它们捍卫领域时，会张开鳃部以吓唬其他的鱼。

爱神雨丽鱼（又称维纳斯鲷、金星）

学　　　名	nimbochromis venustus		
起　　　源	马拉维湖、非洲东部	大　　　小	最大 30 厘米
水族箱大小	180 厘米	水族箱类型	马拉维湖慈鲷水族箱
水　　　质	25~27℃，pH 7.5~8.5		
饲养难度	中等	游泳水层	所有水层
喂　　　食	片状饲料，微粒饲料，棒状饲料，冰冻鱼和贝类		
繁　　　殖	可以在水族箱里繁殖，雌性口孵后代，身体上有着长颈鹿式的斑块。雄性更大，色彩更丰富		
特殊要求	充足的空间、不要混养小型鱼类		

备注： 爱神雨丽鱼是马拉维湖慈鲷水族箱很受欢迎的一种慈鲷。它们一般都很耐寒，而且有着与其他岩栖性马湖慈鲷不同的形状和图案。但是这种鱼有一个小问题，在天然马拉维湖中，它们捕食小型慈鲷，所以在水族箱里会吃还未长大的慈鲷。最好饲养在大型、开放式、有其他类似物种的马湖慈鲷水族箱内，并投喂含鱼肉成分的食物。

刚果隆头丽鱼

学　　　名	steatocranus casuarius	起　　　源	刚果河盆地、非洲
大　　　小	10 厘米	水族箱大小	90 厘米
水族箱类型	非洲河流原生态水族箱或混养有中型鱼的热带水族箱		
水　　　质	24~28℃，pH 6~8		
饲养难度	中等	游泳水层	下层
喂　　　食	片状饲料，冰冻或活饵料		
繁　　　殖	可以在水族箱中繁殖，配对成功后在洞穴里产沉性卵，有护卵和护幼行为。雄性较大，在头上有明显驼峰，鳍更长		
特殊要求	洞穴和有足够的供其占有领域的空间		

备注： 刚果隆头丽鱼色彩不是很艳丽，但是它们的特点足以弥补颜色上的缺陷。其原生态环境为水流湍急的密布岩石的河流，所以它们需要一个完全的石景水族箱来维持生存。为一条雄性提供几条雌性以供其选择配对，并混养几条快速移动且能避开刚果隆头丽鱼的河流栖息鱼类。

皇冠六间

学　　　名	cyphotilapia frontosa	
起　　　源	坦噶尼喀湖、非洲东部	大　　　小　35 厘米
水族箱大小	180 厘米	水族箱类型　单养水族箱
水　　　质	24~26℃，pH 8~8.5	
饲养难度	中等	游 泳 水 层　中下层
喂　　　食	微粒饲料，棒状饲料，冰冻鱼和冰冻贝类	
繁　　　殖	可以在水族箱中繁殖，雌性口孵后代，雄性较大，有一个很明显的驼峰，鳍较长	
特 殊 要 求	足够空间，高质量的水，低光照，混养温和的其他鱼类或不混养其他鱼类	

备注： 皇冠六间是一种生活在坦噶尼喀湖深处的特殊鱼类。在水族箱里，它们游泳缓慢，无论其大小如何，都不能和活跃的鱼混养在一起。单养时，最好是 1 条雄性和几条雌性混养在一个大型水族箱内，用岩石作装饰，配以柔和的灯光。

十带罗丽鲷（又称珍珠豹）

学　　　名	rocio octofasciata	起　　　源　墨西哥和洪都拉斯
大　　　小	20 厘米	水族箱大小　120 厘米以上
水族箱类型	慈鲷混养水族箱或大型热带鱼混养水族箱	
水　　　质	22~30℃，pH 7~8	
饲养难度	中等	游 泳 水 层　中下层
喂　　　食	微粒饲料，棒状饲料，冰冻或活饵料	
繁　　　殖	可以在水族箱中繁殖，配对成功后在洞穴产沉性卵或者在坚硬的表面上产卵。雄性更大，色彩更鲜艳，头部发育成方形。雌性在脸上会形成很多较暗的斑纹	
特 殊 要 求	足够空间，与强壮的鱼类混养	

备注： 十带罗丽鲷是中美洲中等大小的慈鲷中比较好养的一种鱼，耐寒。最好是不与其他慈鲷混养，需要在用石头和沉木造景的大型水族箱中饲养。市面上也有一种蓝色品种，非常吸引人但价格很高。

非洲凤凰

学　　　名	melanochromis auratus	
起　　　源	马拉维湖、非洲东部	
大　　　小	15 厘米	水族箱大小　120 厘米以上
水族箱类型	马拉维湖岩栖类慈鲷水族箱	
水　　　质	24~28℃，pH 7.5~8.5	
饲养难度	中等	游 泳 水 层　所有水层
喂　　　食	片状饲料，冰冻饵料，植物性食物	
繁　　　殖	可以在水族箱中繁殖，雌性口孵卵和仔鱼，无特定的配偶关系。雄性变成黑白色，雌性更多呈黄色、黑色和白色，和稚鱼期体色相似	
特 殊 要 求	岩石、空间、混养多种岩栖类慈鲷以分散非洲凤凰的侵略性	

备注： 非洲凤凰是最受欢迎的马拉维湖慈鲷之一，也常是为一个新水族箱买的第一种鱼之一。但它们也是最具攻击性的慈鲷之一，为了保持水族箱内的和平，应该最后添加幼鱼，或者根本不添加这种鱼。稚鱼期鱼的色彩非常惊人，但随着逐渐长大，大多数体色会变得越来越暗淡。

胎生鱼类

　　胎生鱼类非常神奇，小型的热带鱼，胎生而非产卵繁育，这种繁殖策略确保了仔鱼生出后成功摄食以及避免被捕食，而不是像产卵后受精卵那样冒着额外的风险。胎生鱼类也是水族箱内非常受欢迎的典型鱼类，因为它们在家庭水族箱里很容易繁殖，而且常是业余爱好者成功繁殖的第一个品种。作为一个类群，几乎所有的胎生鱼类都非常活跃，个体娇小，容易喂养。有几个物种有着极为丰富的色彩品系，极具吸引力。

玛丽鱼

学　　名　*poecilia latipinna, velifera, sphenops*

起　　源　美国中部

大　　小　最大 15 厘米，但通常比较小　　水族箱大小　90 厘米

水族箱类型　热带鱼混养水族箱

水　　质　22~28℃，pH 7.5~8.2，半咸水

饲养难度　简单　　　　　　　　　　游泳水层　中上层

喂　　食　片状饲料，药片状饲料，藻类薄片，冰冻或活饵料，也啃食藻类

繁　　殖　非常多产，雌性可以每月生下长大的、活的仔鱼。雄性有一个很大的背鳍，而雌性没有，但是它们也可以通过雄性尖刺状的臀鳍进行交配，雄性用这个尖刺状的臀鳍进行受精。雌性的臀鳍为常规的三角形

特殊要求　放养的雌性比雄性多，雌性生育时需要一个隐蔽所，盐水

备注： 在这里列了 3 个学名，因为这 3 个都是常见的玛丽鱼，也可以用同样的方式喂养。然而，现代的玛丽鱼可能是三者的结合。P.latipinna 和 P.velifera 是最原始的高鳍玛丽鱼，P.sphenops 为黑色玛丽鱼。所有的玛丽鱼都喜微咸水环境，如果没有咸水，就要给玛丽鱼提供硬碱水。

剑尾鱼

学　　名　*xiphophorus hellerii*　　　起　　源　美国中部

大　　小　最大 14 厘米，通常比较小

水族箱大小　90 厘米

水族箱类型　热带混养水族箱

水　　质　22~28℃，pH 7.5~8.2

饲养难度　简单　　　　　　　　　　游泳水层　中上层

喂　　食　片状饲料，药片状饲料，藻类薄片，也啃食藻类

繁　　殖　非常多产，雌性可以每月产仔。雌雄很容易辨别，雄性尾部有延伸的"长剑"，这也是其得名的原因

特殊要求　游泳空间，雌性多于雄性，雌性生育时需要一个隐蔽所

备注： 剑尾鱼是卵胎生鱼类中很受欢迎的一类，有非常多色系和花纹，甚至还有琴尾、长鳍的剑尾。需要给雄性提供大量的游泳空间，以刺激其尾鳍完全长成型。尽管据说剑尾鱼尾鳍可以达到 14 厘米或更长，但大多数现代剑尾鱼从来没有达到这个尺寸。

孔雀鱼

学　　　名	*poecilia reticulata*	
起　　　源	特立尼达拉岛、巴巴多斯岛、委内瑞拉、巴西北部	
大　　　小	雄性 3.5 厘米，雌性 6 厘米　　水族箱大小　45 厘米	
水族箱类型	小型热带鱼混养水族箱	
水　　　质	18~28℃，pH 7~8	
饲 养 难 度	简单　　　　　　　　　　游 泳 水 层　上层	
喂　　　食	片状饲料，冰冻或活饵料，药片状饲料，也啃食藻类	
繁　　　殖	非常多产，雌性每月可产仔。雄性较小，色彩更加鲜艳，大多数人工培育品种都有一个很大的尾鳍。雌性较大，色彩较暗	
特 殊 要 求	雄性多于雌性，雌性生育时需要一个隐蔽所	

备注： 孔雀鱼是第一批被驯养而且进行商业化繁殖的热带鱼之一，有着世界上最丰富的品种。许多水族箱饲养的人工品种一点都不像那些小型野生孔雀鱼，人工养殖的品种颜色更艳丽，尾鳍更大。由于近亲繁殖，人工孔雀鱼品种不太耐寒。

月光鱼（剑尾鱼属）

学　　　名	*xiphophorus maculatus*	
起　　　源	墨西哥、伯利兹城	
大　　　小	雄性 4 厘米，雌性 6 厘米　　水族箱大小　60 厘米	
水族箱类型	热带鱼混养水族箱　　水　　　质　18~25℃，pH 7~8	
饲 养 难 度	简单　　　　　游 泳 水 层　中上层	
喂　　　食	片状饲料，药片状饲料，藻类薄片，冰冻或活饵料	
繁　　　殖	非常多产，雌性卵胎生后代。雄性很容易区分，臀鳍特化成尖刺，为输精器，而雌性更大，怀卵时腹部膨大	
特 殊 要 求	雌性多于雄性，雌性生育时需要一个隐蔽所	

备注： 对于初学者来说，月光鱼是一条非常好的鱼，因为它们很容易喂养，容易繁殖，色彩艳丽。有数百种不同形态和色彩组合，但近亲繁殖导致人工繁育的品种不像其原始品种那样耐寒。

温氏花鳉（又称安格拉斯孔雀鱼、虹鳉）

学　　　名	*poecilia wingei*　　　　起　　　源　委内瑞拉	
大　　　小	雄性 2 厘米，雌性更大　　水族箱大小　45 厘米	
水族箱类型	小型热带鱼混养水族箱	
水　　　质	20~28℃，pH 6.5~8.2	
饲 养 难 度	简单　　　　　　　　　游 泳 水 层　中上层	
喂　　　食	片状饲料，药片状饲料，藻类薄片，冰冻或活饵料	
繁　　　殖	非常多产，雌性每月可产仔。雌性较大，色彩暗淡，雄性较小，但色彩更鲜艳	
特 殊 要 求	雌性多于雄性，雌性生育时需要一个隐蔽所	

备注： 对爱好者来说，温氏花鳉是比较晚出现的一个品种，很像野生孔雀鱼。在问世的这几年里，人们已经对这个品种进行了系统繁殖以加强其色彩和尾鳍形状，还有与孔雀鱼进行杂交，这就意味着更难购买到纯正的、没有和孔雀鱼杂交的温氏花鳉。

底栖性鲤科鱼

和小型鲃亚科、波鱼属，甚至金鱼一样，同属鲤科鱼，和鲃亚科鱼类相比，这些广受欢迎的底栖性鲤科鱼更像鲶鱼，它们喜欢在底质中寻找食物。它们很受欢迎，因为它们惊人的体色花纹，比如小丑鱼或红尾黑鲨，或因为它们可以做水族箱的清洁鱼，比如中国藻类食用者。观赏者可以在水族箱底层欣赏它们的泳姿。

三间鼠（又称皇冠泥鳅、小丑泥鳅）

学　　　名	*chromobotia macracanthus*	
起　　　源	苏门答腊岛和婆罗洲，印度尼西亚	
大　　　小	30 厘米	
水族箱大小	180 厘米	
水族箱类型	大型热带鱼混养水族箱	
水　　　质	25~30℃，pH 6~8	
饲养难度	中等	
游泳水层	底层	
喂　　　食	沉性药片状饲料和颗粒饲料，冰冻或活饵料	
繁　　　殖	偶尔在水族箱中产卵，但通常需要注射激素来进行商业化繁殖。交配很难，怀卵后雌性更大、更丰满，产漂浮性卵	
特殊要求	空间，温水，混养	

备注： 三间鼠由于其身体上的斑纹，引人注目、非常受欢迎，但它们需要混养，并且能够长得很大。需要养在一个有优良水质和优质食物的大型水族箱里。当长期处于应激状态并在低温水中，容易患白点病。

库勒番鳅（俗称蛇仔鱼）

学　　　名	*pangio kuhlii*
起　　　源	东南亚
大　　　小	12 厘米
水族箱大小	90 厘米
水族箱类型	热带鱼混养水族箱
水　　　质	24~30℃，pH 6~7.5
饲养难度	中等
游泳水层	底层
喂　　　食	沉性药片状饲料，冰冻或活饵料
繁　　　殖	偶尔在水族箱中产卵，怀卵后雌性更大、更丰满，产漂浮性卵
特殊要求	混养，休养处，小型沉性食物

备注： 库勒番鳅是很受欢迎的底层清洁鱼类，它们会进入到角落和缝隙中寻找食物，起到清洁水族箱的作用。市面上可见几个品种，养殖要求都差不多。

红尾黑鲨（又称两色野鲮、红尾鱼、红尾鲨、红尾鲛、黑金鲨）

学　　　名	*epalzeorhynchos bicolor*		
起　　　源	泰国	大　　　小	12 厘米
水族箱大小	120 厘米	水族箱类型	热带鱼混养水族箱
水　　　质	22~26℃，pH 6.5~7.5		
饲 养 难 度	中等	游 泳 水 层	底层
喂　　　食	沉性药片状饲料和藻类薄片，冰冻或活饵料		
繁　　　殖	还未在水族箱中繁殖成功，但在商业上已经用激素进行人工繁殖。怀卵后雌性更大、更丰满，产漂浮性卵		
特 殊 要 求	大型水族箱，休养处		

备注： 红尾黑鲨让人惊叹，有点领域意识，在水族箱中只能养一条同类鱼。喜欢追逐底栖性的其他鱼类和与它们颜色或体型相似的鱼。所以在选择混养鱼类时，需要了解其习性。每个水族箱只能养一条红尾黑鲨，因为它们会和同类打架。为了降低其领域意识，需要养在一个大型的、装饰精美的水族箱里。

青苔鼠（又称马头鳅，其黄化种叫金苔鼠）

学　　　名	*gyrinocheilus aymonieri*		
起　　　源	湄公河、湄南河、东南亚		
大　　　小	28 厘米，通常小得多		
水族箱大小	120 厘米	水族箱类型	热带鱼混养水族箱
水　　　质	24~28℃，pH 6~8		
饲 养 难 度	中等	游 泳 水 层	底层
喂　　　食	沉性药片状饲料、藻类薄片、藻类		
繁　　　殖	还未在水族箱中繁殖成功，但在商业上已经用激素进行人工繁殖。雌性更大、更丰满，产漂浮性卵		
特 殊 要 求	大型水族箱，藻类，休养处		

备注： 青苔鼠是最好的食藻鱼之一，每天就是啃食装饰素材和水族箱壁上的藻类。唯一的问题就是成鱼变得具有领域性，而且好斗。市面上可见黄化品种。

熊猫墨头（又称老虎小精灵）

学　　　名	*garra flavatra*		
起　　　源	缅甸	大　　　小	6 厘米
水族箱大小	90 厘米	水族箱类型	热带鱼混养水族箱
水　　　质	24~28℃，pH 6~7.5		
饲 养 难 度	中等	游 泳 水 层	底层
喂　　　食	沉性药片状饲料，藻类薄片，藻类		
繁　　　殖	还未在水族箱中繁殖成功。雌雄有差异，产卵习性未知		
特 殊 要 求	水流快，高溶氧水，藻类为基础的食物		

备注： 对于爱好者来说，熊猫墨头是新宠。它们像戈泰墨头鱼一样色彩丰富多彩，体型小，很受欢迎，但价格昂贵。理想饲养环境为在一个水流快速的水族箱里养一群这样的急流栖息鱼类。需要强劲的水流和充足的溶氧，但这样的条件也会促进藻类生长。

异型鱼

异型鱼包括了很多非常规、非大众、具有怪异和奇特身姿的水族箱物种。这样的一些物种可能因其奇怪的外表或怪异的行为而被放养在水族箱里，很多都非常聪明，因为它们需要这样的聪明才能在其天然环境下捕获食物。除了极少数的物种外，大部分异型鱼不能和小型鱼混养（如孔雀鱼）只能在特别为这样的鱼设置的水族箱中单养。

齿鲽鱼（又称古代蝴蝶鱼、蝴蝶鱼、飞蝶鱼）

学 名	pantodon buchholzi
起 源	中非、西非
大 小	11 厘米
水族箱大小	90 厘米
水族箱类型	单品种饲养，原生态或可选择的热带混养淡水水族箱
水 质	23~30℃，pH 6~7.5
饲养难度	困难
游泳水层	上层
喂 食	漂浮在水表面的活昆虫，一些冷冻和漂浮的活饵料，肉类饵料棒
繁 殖	未知，所有的样品来自野外
特殊要求	漂浮的植物，静水，底层放养底栖性的鱼如岐须鲶属的小型鱼，不会和它们的摄食方式冲突

备注：齿鲽鱼相当容易获取，但是不适合在正常的群落水族箱混养。它们极其适应在静止水面和沼泽表面的生活，它们在那里可以吃漂浮的昆虫。它们实际上和金龙鱼有一点亲缘关系，有相似的陷阱式嘴部结构和卓越的跳跃技巧。在水族箱中它们会遭受鳍条被啃食的风险，无法吃到合适的食物。所以最终会被饿死或跳出水族箱而死亡。

皇冠河豚（又叫皇冠狗头）

学 名	tetraodon mbu
起 源	刚果河流域和流进非洲坦噶尼喀湖的河流
大 小	75 厘米
水族箱大小	300 厘米及以上
水族箱类型	单品种饲养，原生态或可选择的热带混养淡水水族箱
水 质	24~26℃，pH 6~8
饲养难度	中等　　　游泳水层　所有水层
喂 食	螃蟹、蜗牛、贝类
繁 殖	还未在水族箱或商业繁殖中成功。性别区分和繁殖方法未知
特殊要求	大水族箱，强大的过滤器和在贝壳里的贝类

备注：皇冠河豚因其是巨型淡水河豚而著名，它们能长到长度超过 60 厘米，所以它们最终需要放入大水族箱，但是尽管如此，爱好者却经常购买这种鱼。它们性情温和，可以成为宠物鱼。皇冠河豚有许多讨人喜爱的特征，比如活动的大眼睛、滑稽的凝视和游泳行为。它们长得很快，拼命吃贝类直到饱得不能游泳。每隔几天喂食整个贝类。必须要有强大的过滤系统。

泰国虎鱼（又称暹罗虎鱼）

学　　　名　*datnioides microlepis*

起　　　源　婆罗洲、苏门答腊岛、泰国

大　　　小　最大 45 厘米，通常较小　　　水族箱大小　180 厘米

水族箱类型　大型异型鱼混养水族箱或单一物种水族箱

水　　　质　22~26℃，pH 6~8

饲养难度　中等　　　　　　　　　游泳水层　中层

喂　　　食　活饵料或冰冻饵料，鱼

繁　　　殖　已经商业化繁殖，但还没有在家庭水族箱中繁殖。性别差异未知，不过雌性很可能更大

特殊要求　大型水族箱，肉类饵料

备注： 这是一种引人注目的肉食性鱼，长大后价格高。市面上有几个品种，其中泰国虎鱼是最常见、最容易饲养的。银老虎为微咸水鱼。尽管体型大且是肉食性，但虎鱼不能和好打斗或凶猛的种类混养在一起。

南美娃娃（又称虎皮娃娃）

学　　　名　*colomesus asellus*　　　起　　　源　亚马孙河流域

大　　　小　最大 14 厘米，通常小得多

水族箱大小　100 厘米　　　　　　　水族箱类型　单一物种水族箱

水　　　质　22~28℃，pH 6~7.5

饲养难度　中等　　　　　　　　　游泳水层　中层

喂　　　食　蜗牛，贝类，肉类食物棒

繁　　　殖　还没有在水族箱中繁殖成功过。性别差异未知

特殊要求　蜗牛

备注： 南美娃娃是真正的淡水河豚，和一般河豚不一样，只栖息在软水中。它们很活跃，有锋利的嘴，无法让人相信它们会不咬其他的鱼以及其他鱼的鳍。这个物种一个潜在的问题是过度生长的牙齿。需要一直吃蜗牛和贝壳类的食物以磨牙，让牙齿不至于太大。DIY 牙科手术有效但是不推荐。可以咨询专门研究鱼类的兽医。

银龙鱼

学　　　名　*osteoglossum bicirrhosum*　起　　　源　亚马孙河流域

大　　　小　120 厘米

水族箱大小　500 厘米及以上

水族箱类型　单一物种水族箱或大型鱼类混养水族箱

水　　　质　24~30℃，pH 6~7.5

饲养难度　中等　　　　　　　　　游泳水层　上层

喂　　　食　大型昆虫，冰冻或活饵料，鱼、肉类食物棒

繁　　　殖　已经商业化繁殖，雄性在口中孵化卵，口育鱼。性别差异未知

特殊要求　大型水族箱或热带池塘，悬垂植被

备注： 银龙鱼属于一个有骨化舌的史前鱼类家族。它与众不同，其近亲亚洲龙鱼也以龙鱼闻名。在野外环境中，龙鱼游入被水淹没的森林，快速从树枝中摄取昆虫。在室内圈养时，很少有水族箱能大到长时间养它们，而且它们会逐渐发生"掉眼"的状况，即眼睛变成永久向下。尽管它们根本不适合养在水族箱中，但还是可以用一个盖子去防止它们跳出来。

红腹锯鲑脂鲤（又称红腹食人鱼）

学　　名	*pygocentrus nattereri*	
起　　源	亚马孙河流域	
大　　小	35 厘米	
水族箱大小	180 厘米	
水族箱类型	单一物种饲养	
水　　质	24~28℃，pH 6~7.5	
饲养难度	中等	游泳水层　中等
喂　　食	冷冻肉类食物，活鱼；其幼鱼可以吃干饵料	
繁　　殖	偶尔在水族箱中繁殖，但不是经常发生。雄性体型较小，色彩更加鲜艳，雌性体型更大、更丰满	
特殊要求	大型水族箱，强劲的过滤系统，大型单一物种饲养。	

备注： 红腹锯鲑脂鲤因其狂暴的捕食特性和撕裂肌肉的能力，在世界各地都"臭名昭著"。但是在水族箱里，它们是一个胆小的物种，必须在大型水族箱里和大小相似的鱼进行混养。运输和移动他们的过程中或在做水族箱维修时必须小心谨慎，尽管它们很胆小，但还是会严重伤害人的四肢。

七彩雷龙

学　　名	*channa bleheri*	
起　　源	印度	
大　　小	13 厘米	
水族箱大小	100 厘米	
水族箱类型	单一物种饲养或与异型鱼混养	
水　　质	20~28℃，pH 6~7.5	
饲养难度	中等	游泳水层　所有水层
喂　　食	冰冻肉类食物和活饵料，昆虫，鱼	
繁　　殖	可以在水族箱中繁殖，但成鱼很难交配。大多数产卵是偶然的，口孵鱼类	
特殊要求	紧密的盖子，隐匿的栖息处	

备注： 七彩雷龙可以满足异型鱼爱好者的所有需求。肉食性，蛇形，拒绝被驯化。最重要的是这种鱼有着绚烂多彩的颜色，且有着不会超过常规水族箱的鱼体尺寸。拥有它，你就拥有了一条非常奇特的异型鱼。这种鱼时刻想逃离水族箱的限制。

大花恐龙鱼

学　　名	*polypterus ornatipinnis*
起　　源	刚果河盆地，非洲
大　　小	60 厘米
水族箱大小	最小 180 厘米
水族箱类型	单一物种饲养或与异型鱼混养
水　　质	24~28℃，pH 6~8
饲养难度	中等
游泳水层	底层

喂	食	冰冻肉类食物和活饵料，蚯蚓，鱼
繁	殖	可以在水族箱中繁殖，但很少见。雄性体型更长，臀鳍特化成输精管。雌性体型更短，产漂浮性卵
特殊要求		肉类食物，隐匿栖息处

备注： 大花恐龙鱼是像蛇一样奇怪的鱼，通常性情温和，很安静。大花恐龙鱼是恐龙鱼图案最多和色彩最斑斓的品种之一，稚幼鱼周身覆盖黑色和金色斑纹，很少长到该物种应该长到的最大尺寸。

珍珠魟

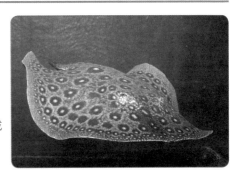

学	名	*potamotrygon motoro*
起	源	亚马孙河流域
大	小	直径 60 厘米
水族箱大小		面积 180 厘米 × 90 厘米
水族箱类型		大型混养水族箱，南美洲大型鱼原生态水族箱或单一物种饲养
水	质	24~26℃，pH 5~7
饲养难度		困难　　　　　　游泳水层　底层
喂	食	冰冻肉类食物和活饵料，蚯蚓，鱼
繁	殖	可以在水族箱中繁殖，较大的雌性以卵胎生方式繁育后代。可以交配，因为雄性圆盘状身体后方、尾柄的两侧，特化成棒状的交尾脚
特殊要求		高质量水，大型平坦水族箱，合适的食物和同伴

备注： 珍珠魟与你常在热带鱼水族箱里所看到的任何东西都不一样。它们是体型巨大、扁平，需要一个同样大型、平坦的区域，还有柔软的沙子，用来掩埋身体、躲避、休息。在任何时候水质都必须是最佳的。在售出之前，必须被驯养好、喂养好。不适合初学者。在尾巴上的刺针可能会造成严重的伤害。

彼氏锥颌象鼻鱼

学	名	*gnathonemus petersii*
起	源	尼日尔河、刚果河流域、非洲
大	小	35 厘米
水族箱大小		180 厘米
水族箱类型		非洲西部原生态水族箱或与异型鱼混养
水	质	22~28℃，pH 6~8
饲养难度		困难
游泳水层		底层
喂	食	水丝蚓，其他小型活饵料，不接受干食物
繁	殖	不能在水族箱中繁殖
特殊要求		大型光线暗淡的水族箱，高质量的水，小型活的蠕虫

备注： 象鼻鱼因其奇怪的外观及行为而受欢迎，但它们并不适合大多数的水族箱。在野外天然环境下，它们会长得很大，群居生活，但在水族箱范围内它们经常争斗。它们摄食习性很特殊，习惯在泥浆中寻找活的无脊椎动物。可使用的类似泥浆的基质是非常细的沙，需经常提供不太充足的活饵料，能让它们吃得饱又快乐，不适合初学者。

彩虹鱼

彩虹鱼的得名源于其成鱼鲜艳的色彩。这一类鱼主要来自澳大利亚、新西兰及附近南太平洋诸岛。活跃、色彩鲜艳、中等大小的群居性鱼，行为和红鳍银鲫很相似。要想让彩虹鱼展示出最好的色彩，需要饲养在装饰优美的大型水族箱里，并投喂各种优质食物。只有精心饲养几年以后，你才会看到最好的色彩，因为这类鱼成熟得非常缓慢。

舌鳞鱼（又称新几内亚彩虹鱼、红苹果、红美人）

学　　名	*glossolepis incisus*
起　　源	印度尼西亚的伊里安查亚、新几内亚岛（伊里安岛）
大　　小	12 厘米　　　　水族箱大小　120 厘米
水族箱类型	热带混养水族箱
水　　质	22~26℃，pH 7~8
饲养难度	中等　　　　　　游泳水层　中层
喂　　食	片状饲料，冰冻或活饵料
繁　　殖	可以在水族箱中繁殖，已经商业化繁殖。雄性更大，色彩更鲜艳；雌性较小，色彩暗淡，但更丰满，产漂浮性卵
特 殊 要 求	空间，高质量水

备注： 舌鳞鱼确实引人注目，雄性呈深红色，及其活跃的泳姿让人耳目一新。在大型水草水族箱里，放养一大群舌鳞鱼或混养其他类似鱼（如中型的红鳍银鲫）的时候最好看。成年鱼争斗性太强，不适合与小型、胆小的热带鱼混养。

石美人

学　　名	*melanotaenia boesemani*
起　　源	印度尼西亚的伊里安查亚
大　　小	10 厘米
水族箱大小	100 厘米
水族箱类型	热带混养水族箱
水　　质	24~28℃，pH 7~8
饲养难度	中等　　　　　　游泳水层　中层
喂　　食	片状饲料，冰冻或活饵料
繁　　殖	可以在水族箱中繁殖及商业化繁殖。雄性比雌性色彩明亮，当其放松时两背鳍碰到一起；雌性更丰满，产漂浮性卵
特 殊 要 求	空间，高质量水和优质的食物

备注： 很少有鱼能和石美人的色彩相比。亮黄和深蓝的组合使这一物种受到爱好者的喜爱。由于这种鱼成熟较慢，所以需要许多时间、大量地换水、优质的食物来成就其最佳状态。

薄唇虹银汉鱼（又称电光美人）

学　　名	melanotaenia praecox
起　　源	印度尼西亚的伊里安查亚

大　小	5 厘米	水族箱大小	80 厘米
水族箱类型	热带混养水族箱	水　质	22~28℃，pH 6.5~8
饲养难度	中等	游泳水层	中层

喂　　食　片状饲料，冰冻或活饵料

繁　　殖　可以在水族箱中繁殖及商业化繁殖。雄性较大，蓝色色彩，成鱼体色更深、鳍更红；雌性较小，色彩较暗，产漂浮性卵

特殊要求　高质量水

备注： 电光美人对于热带水族箱来说是最完美的标本样鱼，它们举止优雅，成年时体色会变得更加鲜艳，且一直保持小巧的体形。将一群雌雄个体混养在标准热带水族箱中，或者是与彩虹鱼单养水族箱中。

拉迪氏沼银汉鱼

学　　名	marosatherina ladigesi
起　　源	印度尼西亚的苏拉威西岛

大　小	8 厘米	水族箱大小	80 厘米
水族箱类型	热带混养水族箱	水　质	22~28℃，pH 7~8
饲养难度	中等	游泳水层	中层

喂　　食　片状饲料，冰冻或活饵料

繁　　殖　可以在水族箱中繁殖，但经常进行商业化繁殖。雄性较大，色彩更丰富、鳍更长；雌性较小，色彩较暗淡，产漂浮性卵

特殊要求　高质量水，群居

备注： 由于爱好者们常更偏爱其他色彩缤纷的物种，拉迪氏沼银汉鱼常被忽略。但它们的色彩和体型也是很美的，可以与植被茂盛的水族箱中的明亮的绿色形成互补色彩。待成熟后雄性鱼的鱼鳍长度变长了，黄色几乎就全变成了霓虹色。

霓虹燕子（中文学名为：叉尾鲻银汉鱼）

学　　名	pseudomugil furcatus

起　源	巴布亚新几内亚	大　小	5 厘米
水族箱大小	60 厘米	水族箱类型	小型热带鱼混养水族箱

水　　质　24~26℃，pH 6~8

饲养难度	中等	游泳水层	中上层

喂　　食　片状饲料，冰冻或活饵料

繁　　殖　可以在水族箱中繁殖，但经常进行商业化繁殖。雄性较大、有长鳍的、色彩更丰富；雌性较小，色彩较暗淡

特殊要求　群居，与小型温和的鱼混养

备注： 霓虹燕子是色彩鲜艳的小鱼，有着一对散发金属蓝色的眼睛，鳍的边缘呈现黄色。在植被茂盛的水族箱，放养一大群让人震撼。到水族店购买时需要仔细挑选，因为有些鱼的脊椎畸形。

灯鱼

　　灯鱼是一类最受欢迎的水族箱鱼类，从小型到中型都有，性情温和，喜欢群居。灯鱼需要放养在成熟的水族箱里，与温和的、大小差不多的其他热带鱼混养。它们成群地在水层中部游弋，大多数灯鱼都需要生活在软到中性的水环境中。灯鱼可以和鼠鱼混养，形成完美地互补。

红绿灯（又称霓虹灯）

学　　名	*paracheirodon innesi*	
起　　源	南美洲的索利蒙伊斯河	
大　　小	4 厘米	
水族箱大小	45 厘米	
水族箱类型	小型热带鱼混养水族箱	
水　　质	20~26℃，pH 6~7.5	
饲养难度	中等	
游泳水层	中层	
喂　　食	片状饲料，冰冻或活饵料	
繁　　殖	已经进行商业化繁殖，但很少能在家用水族箱中繁殖。雄性更小，色彩更明亮；雌性更大，更丰满，产漂浮性卵	
特 殊 要 求	群居，与小型温和的鱼混养	

备注： 红绿灯是世界上最受欢迎的水族箱鱼，受到爱好者和非鱼类饲养者喜欢。放养在成熟的水族箱里，与温和的、大小差不多的其他热带鱼混养。当鱼类受到应激时，可能会患白点病。

宝莲灯

学　　名	*paracheirodon axelrodi*	
起　　源	巴西的奥里诺科河上游、尼格罗河流域	
大　　小	4 厘米	
水族箱大小	45 厘米	
水族箱类型	热带鱼混养水族箱	
水　　质	24~30℃，pH 6~7.5	
饲养难度	中等	
游泳水层	中层	
喂　　食	片状饲料，冰冻或活饵料	
繁　　殖	很少能在水族箱中繁殖，但在欧洲已经进行了商业化繁殖。雌性更大，更丰满，产漂浮性卵	
特 殊 要 求	温水，群居	

备注： 宝莲灯比红绿灯更好看，色彩更艳丽，所以宝莲灯价格更高。它们需要温水、软水、至少 10 条或更多的鱼一起混养，这样会让鱼儿感到快乐舒适。在应激状态或不适条件下，可能会患白点病。

刚果灯（又称刚果扯旗）

学　　名	*phenacogrammus interruptus*	
起　　源	刚果民主共和国	
大　　小	8 厘米	水族箱大小　100cm
水族箱类型	热带鱼混养水族箱	
水　　质	23~28℃，pH 6~7.5	
饲养难度	中等	游泳水层　中层
喂　　食	片状饲料，冰冻或活饵料	

繁　　殖　已经进行商业化繁殖，但很少能在水族箱中繁殖，尽管成鱼产卵频繁。雄性更大、色彩更艳丽、背鳍和尾鳍末端有延伸。雌性色彩暗淡，更膨大，产漂浮性卵

特殊要求　群居，宽敞的水族箱

备注：刚果灯适用于大型水族箱，当它们成熟时，雄性展现出华丽的色彩和美丽的鳍末端延伸。刚果灯很容易受惊，需要和其同类混养在宽敞和装饰精美的水族箱里。

帝王灯

学　　名　*nematobrycon palmeri*

起　　源　南美洲　　　　　　大　　小　4 厘米

水族箱大小　60 厘米　　　　水族箱类型　热带鱼混养水族箱

水　　质　23~27℃，pH 6~8

饲养难度　中等　　　　　游泳水层　中层

喂　　食　片状饲料，冰冻或活饵料

繁　　殖　可以在水族箱中繁殖，但很少见。已在远东和欧洲进行商业化繁殖。雄性较大、尾鳍有延伸；雌性较短，色彩很少、更丰满，产漂浮性卵

特殊要求　群居，成熟的水族箱

备注：帝王灯是一种高颜值的鱼，它们在水草水族箱中很受欢迎。成熟的雄性颜色更艳丽，有着华丽的尾鳍延伸。有一个类似的物种为蓝帝王灯，周身蓝色，没有华丽的鳍。

红鼻剪刀

学　　名　*hemigrammus bleheri*

起　　源　里奥内格罗河、梅塔河流域

大　　小　4 厘米　　　　　　水族箱大小　60 厘米

水族箱类型　热带鱼混养水族箱

水　　质　23~28℃，pH 6~7.5

饲养难度　中等　　　　　游泳水层　中层

喂　　食　片状饲料，冰冻或活饵料

繁　　殖　已在欧洲和远东进行商业化繁殖，但很少能在水族箱中繁殖。雄性较小、头部亮红色；雌性较大，色彩较暗淡

特殊要求　群居，成熟水族箱

备注：将成群的红鼻剪刀放入水草水族箱时会产生令人震撼的效果。在酸性软水中，红头变得更红。还有另外两个红鼻子物种，但红鼻剪刀的红色最正。

迷鳃鱼

迷鳃鱼很特殊，因为它们可以进行空气呼吸，主要指攀鲈亚目下的一些观赏鱼类。其鳃中有一种叫作迷宫器官的特殊器官，能通过从水面上呼吸空气而让迷鳃鱼在缺氧的水中生存下来，这是其他鱼类物种无法具备的优势。

蓝曼龙（学名丝鳍毛足鲈，又称蓝线鳍鱼、蓝星鱼、三点斗鱼）

学　　名	*trichogaster trichopterus*
起　　源	老挝、泰国、柬埔寨、越南
大　　小	12 厘米
水族箱大小	100 厘米
水族箱类型	热带鱼混养水族箱
水　　质	24~28℃，pH 6~8
饲养难度	中等
游泳水层	中上层
喂　　食	片状饲料，冰冻或活饵料
繁　　殖	可以在水族箱中繁殖，但很少见。雄性吐泡筑巢给雌性产卵用，雄性较大，色彩更丰富，背鳍末端延伸、尖长；雌性较短小、更丰满，背鳍更短、更粗
特殊要求	一个宽敞的水族箱

备注： 蓝曼龙是少数几种呈蓝色的传统热带鱼，而带蓝色条纹的鱼则被称为"蛋白石三星曼龙"。这两个品种都有金色的亚种。它们应该被饲养在宽大的水族箱中，同时混养其他中型鱼的热带水族箱中。对雌性来说，雄性有攻击性，所以应把 2 条雌性鱼和 1 条雄性鱼饲养在一起。

泰国斗鱼（又称暹罗斗鱼）

学　　名	*betta splendens*
起　　源	泰国
大　　小	5 厘米
水族箱大小	30 厘米
水族箱类型	小型热带鱼混养水族箱或单一物种饲养水族箱
水　　质	24~30℃，pH 6~8
饲养难度	中等
游泳水层	上层
喂　　食	片状饲料，冰冻或活饵料
繁　　殖	可以在水族箱中繁殖，雌性把卵产在泡沫巢中。雄性较大，色彩更丰富；成熟的雌性较丰满
特殊要求	静水

备注： 泰国斗鱼众所周知，名字就提示了如果两条雄性鱼饲养在同一个水族箱，就可能会爆发恶战。可悲的是，当前泰国斗鱼更有可能是鳍被啃食的受害者。泰国斗鱼最好放养在一个种满水草的水族箱里。

蜜鲈（又称核桃鱼、红丽丽鱼）

学　　　名	*colisa chuna*		
起　　　源	印度、孟加拉国	大　　　小	4 厘米
水族箱大小	45 厘米	水族箱类型	小型热带鱼混养水族箱
水　　　质	22~28℃，pH 6~8		
饲 养 难 度	中等	游 泳 水 层	中上层
喂　　　食	片状饲料，冰冻或活饵料		
繁　　　殖	可以在水族箱中繁殖，雌性在漂浮的泡沫巢穴中产卵。雄性较大，更多彩；雌性较小，色彩较贫乏		
特 殊 要 求	静止或缓慢流动的水，种水草的水族箱和小型温和的鱼类混养		

备注： 蜜鲈外观和行为方式与丽丽鱼相似，只是它们更小、更精致。雄鱼一旦定居下来，就会变得非常鲜艳，呈现出橘色、黄色、黑色。金黄色品种可见，且还有一个品种叫红罗宾，但这样的鱼要避免被选用，因为其周身红色来源于人工饲料中的着色剂。

丽丽鱼

学　　　名	*colisa lalia*		
起　　　源	印度、巴基斯坦、孟加拉国		
大　　　小	7 厘米	水族箱大小	60 厘米
水族箱类型	小型热带鱼混养水族箱		
水　　　质	24~28℃，pH 6~8		
饲 养 难 度	中等	游 泳 水 层	中上层
喂　　　食	片状饲料，冰冻或活饵料		
繁　　　殖	可以在水族箱中繁殖，雌性在漂浮的泡沫巢穴中产卵。雄性较大，更多彩；雌性较小，身体较短，色彩较少		
特 殊 要 求	缓慢流动或静止的水，种水草的水族箱		

备注： 丽丽鱼是很受欢迎的水族箱鱼。因为它们的繁殖创造了更多的颜色品种，不像以前那样强壮了。传统的雌性是银色的，但只有彩色的雌性现在可用。

珍珠马甲

学　　　名	*trichogaster leerii*		
起　　　源	苏门答腊岛、里曼丹岛		
大　　　小	12 厘米	水族箱大小	100 厘米
水族箱类型	热带鱼混养水族箱		
水　　　质	24~28℃，pH 6~8		
饲 养 难 度	中等	游 泳 水 层	中上层
喂　　　食	片状饲料，冰冻或活饵料		
繁　　　殖	可以在水族箱中繁殖，但很少见。雄性吐泡筑巢穴，雌性在里面产卵。雄性较大、更多彩，有红色乳腺和背鳍延伸；雌性色彩暗淡，身体较短，更丰满		
特 殊 要 求	一个有充足游泳空间和种植水草的大型水族箱		

备注： 珍珠马甲非常棒，但现在有更多色彩鲜艳的物种可供选择。因为大家对色彩的喜爱，珍珠马甲经常被忽视。如果珍珠马甲在一个大型水草水族箱中长大，它会成为水族箱的主要焦点鱼之一。

淡水无脊椎动物图鉴

　　随着越来越多的彩色物种被发现，淡水无脊椎动物越来越受欢迎。它们的功能也被大力挖掘，比如可以用来帮助清除水族箱藻类。淡水无脊椎动物只能和小型热带鱼混养，因为它们可能被其他长度超过 10 厘米的鱼吃掉。

大和藻虾

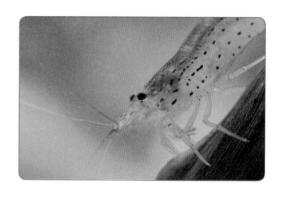

学　　　名	caridina multidentata
起　　　源	日本、韩国、中国台湾
大　　　小	5 厘米
水族箱大小	60 厘米
水族箱类型	小型热带鱼混养水族箱
水　　　质	18~27℃，pH 6~7
饲养难度	中等
游泳水层	所有水层
喂　　　食	干饲料，藻类饲料，藻类
繁　　　殖	不可以在水族箱中繁殖。雌性从它们的游泳足中产下年轻后代，雌性较大，携带的卵可见
特殊要求	混养小型鱼类

备注： 食藻虾很受欢迎，因为它们在水草水族箱中起着非常重要的作用。它们对水草完全无害，但它们会搜寻清理每一粒砾石和植物叶子上滋生的藻类。它们经常被饲养在施肥和充二氧化碳的水族箱中，但对高含量二氧化碳特别敏感。

水晶虾

学　　　名	cardina sp
起　　　源	日本
大　　　小	2.5 厘米
水族箱大小	30 厘米
水族箱类型	微型鱼热带混养水族箱
水　　　质	20~27℃，pH 6.5~7.2
饲养难度	中等
游泳水层	所有水层
喂　　　食	干饲料，特殊虾饲料，藻类
繁　　　殖	可以在水族箱中繁殖，雌性较大，雌性从它们的游泳足中产下年轻后代，携带的卵可见
特殊要求	只能和微型鱼类混养

备注： 红色水晶虾是虎晶虾的红色变种，在养殖者中被高度推崇。太多色彩了，所以根据身体上红色和白色的色彩丰富度来分级，并相应定价。在添加有二氧化碳的水草水族箱和纳米水族箱中很受欢迎。由于它们太小了，只能在水族箱中单养，或与其他虾或小型鱼混养。

樱花虾

学　　　名	*neocaridina heteropoda*	
起　　　源	南亚	
大　　　小	4 厘米	水族箱大小　30 厘米
水族箱类型	小型鱼热带混养水族箱	
水　　　质	18~30℃，pH 6.5~8	
饲 养 难 度	中等	游 泳 水 层　所有水层
喂　　　食	干饲料，特殊虾饲料，藻类。	
繁　　　殖	可以在水族箱中繁殖，常多产。雌性较大，用其游泳足携带幼虾。雌性也常见携带卵	
特 殊 要 求	仅混养微小型鱼类	

备注： 樱花虾比水晶虾要便宜很多，一旦在水族箱中定居，就会不断繁殖。在水草水族箱和纳米水族箱中很受欢迎，常被加入到充有二氧化碳的水族箱中。

蜜蜂宝塔螺

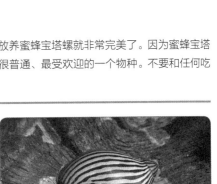

学　　　名	*anentome helena*	起　　　源	不详
大　　　小	2 厘米	水族箱大小	30 厘米
水族箱类型	小型鱼热带混养水族箱		
水　　　质	23~27℃，pH 6~8		
饲 养 难 度	简单	游 泳 水 层	中层
喂　　　食	其他的蜗牛、螺类，沉性的干饲料，藻类		
繁　　　殖	性别差异未知，可以在水族箱中繁殖		
特 殊 要 求	水族箱内需要有其他蜗牛作为食物		

备注： 如果你水族箱里已经有讨厌的小型有害蜗牛或螺类，那么放养蜜蜂宝塔螺就非常完美了。因为蜜蜂宝塔螺只喜欢吃其他的蜗牛或螺类，这使得它们是混养水族箱中一种很普通、最受欢迎的一个物种。不要和任何吃螺类的鱼混养，因为会使其自身成为别的鱼的食物。

斑马螺（又称西瓜螺）

学　　　名	*vittina coromandeliana*	
起　　　源	印度洋~太平洋	
大　　　小	直径长达 25 毫米	水族箱大小　30 厘米
水族箱类型	热带混养水族箱	
水　　　质	20~26℃，pH 7~8.5	
饲 养 难 度	中等	游 泳 水 层　底层
喂　　　食	干饲料，藻类饲料，藻类	
繁　　　殖	不详	
特 殊 要 求	藻类，岩石	

备注： 斑马螺和它的近亲在淡水水草水族箱内非常受欢迎，和海水螺有亲缘关系。它能帮助清除藻类，但不吃水草。其壳的形态变化多端，使它们成为具有收藏意义的无脊椎动物，它们的侵袭性比大多数螺类都要小得多。水族店里很缺这类螺，一旦有了货，就要赶紧买回来。总是把它们的厣放在石头上，以便能固定其足。

投喂管理

正确喂养水族箱里的鱼儿，对保持鱼体健康非常重要。吃得好的鱼才更有可能生长，展示出更好的颜色，甚至繁殖。健壮的鱼儿才能更好地抵抗疾病。

如何投喂

为了正确喂养鱼类，我们必须先看看它们的需求。在野外它们是如何摄食的？它们吃什么？它们是吃肉的肉食性鱼类还是吃草的植食性鱼类？它们的摄食频率是多少？它们的饵料随着季节的变化而变化吗？如果想让你的鱼儿得到最好的食物，这些问题都是要解决的。

肉食性鱼类

肉食性鱼类和植食性鱼类的身体构造不同，从口腔、牙齿的结构到消化道和小肠的长度都不相同。肉食性鱼类是机会主义的摄食者。它们要么埋伏起来，等待猎物主动到来，要么积极捕食。无论哪种方式，它们都永远不知道下一餐从哪里来。所以当它们不去捕食的时候，就会尽可能地保存体力，当

下图：这种掠夺性的虎鱼能够捕捉大型猎物，适应不常进食。

机会出现时，就会尽可能释放一种爆发力来抓住猎物。

肉食性鱼类的胃可膨胀，可以应付为数不多的饱餐。鱼儿不可能总是挑剔所捕到的猎物的大小，很多捕食者几乎都能捕食和自己一样大的猎物。一旦它们吃得太多，就会安静下来，可以持续几天甚至几周都不用再吃大餐了。可以将肉食性的鱼想象成非洲大草原上的狮子。它们常会饥一顿饱一顿。

植食性鱼类

植食性鱼类已经习惯吃大量的低蛋白质、高纤维的食物。典型的吃碎屑，藻类和植物性物质，它们的饵料缺乏相应的营养，所以，植食性鱼类需要不断地摄食以获取足够的营养。植食性鱼类肠道很长，来消化所摄食的所有植物性物质。它们整天都在摄食，不停地去寻找食物，找到后则停留下来尽可能摄食，然后继续找寻食物。将植食性鱼类想象成非洲大草原上的牛羚，大量聚集以避免落单后被捕食，不断寻找新鲜的饵料。

杂食性鱼类

杂食鱼类并不特殊，可以吃大多数食物资源。与其他鱼类相比，具有进化优势，既可以吃肉类饵料，又可以吃植物类饵料。它们不像肉食性鱼类那样擅长吃肉，也不像植食性鱼类那样擅长吃植物，但可以同时吃两种和介于两者之间的饵料。你可以想象杂食性鱼类的饵料与我们人类的相似。人类通过摄取各种各样的食物，使人类能够成功地在各种各样的环境中生存。

肉食性鱼类

梭状慈鲷

食人鱼

龙鱼

豹斑脂鲶

植食性鱼类

清道夫

玛丽鱼

蝴蝶慈鲷

真唇脂鲤（飞凤鱼）

杂食性鱼类

虎皮鱼

金鱼

菠萝鱼（又称火口鱼、美洲慈鲷）

红肚凤凰（非洲慈鲷）

孔雀鱼

喂什么

在水族箱里我们不能提供大量的水生植物给鱼吃，我们也不愿意把活鱼喂给我们的肉食性鱼儿，所以我们给它们喂预先准备好的食物。食物通常制成干的薄片状，为鱼儿提供所有的维生素、矿物质和能量。标准的热带鱼饲料片适用于所有鱼类，特别是杂食性鱼类，但如果你的鱼更偏植食性或更偏肉食性，那么你就要给鱼儿准备特殊的干饵料，如用于植食性鱼类的藻片，或用于肉食性鱼类的肉棒。

干饲料片、肉棒、藻片、颗粒饲料、药

上图：沉性药片状饲料，非常适合底栖鱼类。

上图：黄金吊（黄高鳍刺尾鱼）是食藻性鱼类，整天吃低蛋白质的饵料。

上图：杂食性鱼马拉维湖慈鲷在饵料资源丰富时吃鲶鱼卵和寄生虫，当饵料资源贫乏时则吃藻类。

上图：片状饲料是最常见的水族箱观赏鱼饲料。

片饲料都是我们给鱼儿准备的主食，鱼儿可以通过摄食这些食物来保证存活、生长和繁殖。尽可能给你的鱼准备一种干的主食。因为这些干饲料经过了营养强化，即一个小包装就能提供充足的营养，甚至比鱼儿在野生环境中吃的大多数天然食物中的营养都要丰富。这意味着就算用喂食器每天喂两三次干饲料，也能够很好地满足鱼儿的需求。

喂食的频率

一旦我们确定了鱼儿的食性，就可以为它们选择合适的饲料，确定投喂的频率。记住，肉食性鱼类在野外饱餐的频率不多，所以这样的习性也可以在水族箱环境中模拟。大型肉食性鱼类，如地图鱼，只需要每隔1天投喂干饲料，如果投喂冰冻饵料，如冰冻的贝类或鱼类，它们一次能吃足吃饱，所以每周投喂1~2次就足够了。事实上，给肉食性鱼类投喂过量富含蛋白质的食物会使它们变胖，体内器官处于危险状态，缩短鱼儿的寿命。如果你的鱼儿每天每小时都在向你乞求食物，千万不要向你聪明的鱼儿屈服。它们可能在短时间内长得非常快，但从长远来

> **小贴士**
>
> 在夜晚熄灯后，给你的鲶鱼投喂藻类薄片和药片状饲料。大多数鲶鱼更喜欢在黑暗中进食，而这时混养的杂食性鱼则不太可能偷吃它们的食物。

看，可能会缩短它们的寿命，而且这也增加了你的过滤器的压力，因为富含蛋白质的食物会转化成大量氨。

即使是植物性的干饲料也比鱼类在天然环境中获得的营养丰富，每天投喂两三次是合适的。如果你给鱼儿投喂药片状饲料或藻类薄片，这两种类型的饲料都包含了够鱼儿消化很长时间的大量食物，目的就是让鱼儿在当天剩余的时间里不停地啃食所投喂的饲料。检测你是否投喂了正确的饲料量，把足够藻类圆片放进去，让植食性的鱼儿在这一天剩余时间里一直都在啃食。如果在1小时内吃光了，就再多喂点；如果第二天还有一些饲料剩余在水族箱底部，那就是你喂得太多了。

对所有热带鱼来说，杂食性鱼可以每天吃1~3顿的标准热带鱼饲料。投喂的饲料量尽可能让鱼儿在5分钟内吃完，如果10分

上图：沉性藻类圆片饲料，专门适用于食藻鱼。

上图：给你的珊瑚礁鱼类投喂要少食多餐，每次投一点点，尽量投喂各种干饲料和冰冻饵料。

钟后水族箱底部残留有任何饲料，就表明你喂得太多了，用网或虹吸管除去残饵，以避免污染水体。喂养杂食性鱼的最佳方式是少食多餐。另外，要记住，像红绿灯这样的小鱼比大型鱼的新陈代谢更快，所以无论饲料的性质如何，都应投喂频率高一点。

冰冻饵料

这些是补充性食物，应该与主粮——干饲料一起投喂给你的鱼儿。冰冻饵料通常是由曾经活着的饵料组成，如水丝蚓、蚊子幼虫、丰年虾虫（它的学名也被叫作卤虫）、

鸟蛤、米虾、水蚤和磷虾。这些天然饵料构成了许多野生淡水和咸水鱼的食物，它们的优势在于可以让鱼儿觉得这些是应该吃的重要食物，同时它们也是很好的调节性食物。然而，一个有趣的事实是：尽管这些冰冻饵料是完整的食物，但含营养价值却不高，不足以长时间维持鱼儿的正常生长。

为了增强冰冻饵料的营养，这些冰冻饵料可以浸泡或喷洒维生素添加剂，这对于那些非常不愿意吃干饲料的挑食鱼儿来说（如海马），具有很大的吸引力。

如何喂食冰冻饵料

水族店售卖的冰冻饵料不论是泡壳包装还是大包装的，都应该冷冻储存。泡壳包装一般包含 24 个锡箔纸包，糖果块大小的方块饵料，一般每次给一群鱼儿投喂 1~2 块这样的饵料块。大包装饵料则是整个一大块食物，你可以把它们分成许多大块用来喂较大的鱼，或者分别喂给许多缸里的鱼。

冰冻饵料应该先解冻再冲洗，然后再喂给鱼儿。这并不是因为冰冻食品会伤害到鱼儿，因为一旦冰冻饵料接触到温水，就会立即融化。真正的原因在于包裹冰冻饵料块的冰中含有丰富的磷酸盐和含氮废物，磷酸盐是诱发藻类滋生的关键因子。为了除去冰，只需把方块饵料取出来放到渔捞中，在水龙头下冲洗。一旦解冻，冰中的废物会被冲走，饵料就可以放到水族箱里了。

对待鱼儿的冰冻饵料，就像对待你自己的冷冻食物一样。如果一包不小心解冻了，就当场把它喂给你的鱼或者把它扔掉，不要将它再冰冻了。

活饵料

就像名字所暗示的那样，活饵料是活的，通常从水族商店就可以买到，比如血虫、丰年虫和水蚤，有时候也有水丝蚓和河虾。活饵料比冰冻饵料更具优势，不仅因为活饵料本身就被认为是鱼儿的天然食物，而且事实上它们的运动总能刺激鱼儿的摄食反应，即使是最困难的摄食者。

活饵料是天然的，有助于调节鱼体健康，但它们的营养价值依然很低。像水蚤和丰年虫这种活饵料可以在喂鱼之前进行营养强化，用藻类营养液来喂食活饵料。这样，当活饵料被鱼儿吃掉后，藻类中的营养就会传递给鱼儿。给鱼儿投喂活饵料也会延长鱼儿的生命。

活饵料有一个问题，当你把它喂给鱼儿的时候，它常常是毫无生气的。这是因为活饵料需要不断地进食以保持活力并保存其营养价值，但通常它们都是被装在密封的塑料包装袋里，而且没有任何食物。袋子的氧气迅速被消耗，袋子里的环境会被污染，从而杀死里面的活饵料。

为了克服这一点，要么你自己培养活饵料（你可以从水族店买丰年虫孵化试剂盒），要么当它一进商店，还是很新鲜的时候，你就赶紧去买回来。在天气炎热的时候把它放在冰箱冷藏室里，也能保持较长时间的活力。

如何投喂活饵料

小包装袋里装的活饵料，其水中会有大量的污染物，如果你不想让这些污染物一起进入水族箱，就要先把活饵料放进鱼捞中，然后在把它喂给鱼之前在水龙头底下彻底冲洗干净。也可以给活饵料喷洒维生素添加剂来提供额外的营养。

水丝蚓并不适合用作鱼食，因为它们天然生活在河道的淤泥里，有些淤泥已经被污染了，所以，生活在被污染淤泥里的水丝蚓对鱼儿的健康没有好处。人工培育的水丝蚓则可以以一种有趣的方式喂给你的鱼儿。在水族箱里可以放一个圆锥形蠕虫喂食器，里面水丝蚓会慢慢地通过圆锥形微小的孔爬进水族箱中。在这个过程中，鱼儿会疯狂地尝试着大口吃钻出来的水丝蚓。

维护

维护是饲养鱼类的重要部分，没有维护的话，水会被污染物污染。残渣和其他碎屑累积起来就会危害鱼体健康。藻类很快会大面积覆盖水族箱壁。过滤器的功能有限，水族箱里的水需要定期更换。设备也需要定期维护以保持正常运行。因此，如果没有定期的维护，水族箱不久就会成为不适合鱼类居住的环境。

进行维护的另一个原因是能够确保你持续享受你的业余爱好。这或许听起来很奇怪，因为维护确实是很烦琐，但不维护，你就不能够看到你珍贵的宠物鱼，因为水族箱可能会长满藻类。你不会买一台新电视让其上面落满灰尘而导致你看不到任何东西，同样的情况也适用于水族箱。爆藻是使人们放弃自己养鱼最主要的原因之一。控制藻类、让我们的水族箱看起来棒棒的，这也是每位观赏鱼爱好者一直潜心追求的东西。

让我们来看看有哪些不同类型的维护内容，以及多久需要进行维护。

日常维护

- 检查所有的鱼类是否都健康地活着，数量是否正确。在你每天晚上喂鱼的时候，就可以观察
- 用温度计测量水温
- 检测过滤器是否接通电源，是否正常运行
- 检查灯是否在规定的时间内正常亮灯，在非常明亮的水族箱中，用海藻磁刷擦拭玻璃以清除滋生的藻类
- 喂鱼
- 如果需要的话，每天添加植物液肥

每周维护

- 用海藻刷或刮刀清理水族箱内壁的藻类
- 用真空洗沙器清除碎屑，同时进行少量换水
- 如果有必要的话，用水族箱中的老水清洗机械过滤器介质，或者更换新的介质

左图：海藻磁刷是除去水族箱内壁藻类快速且简单的方法。

下图：利用真空洗沙器每周洗沙 1 次。

■ 检测 4 个主要的水质参数（pH、氨氮、亚硝酸盐和硝酸盐）。如果硝酸盐含量高，则需要进行大量换水，如果氨氮或亚硝酸盐存在，应立即检查是什么原因

■ 如有必要，修剪生长迅速的植物

■ 如有必要，每周添加植物液肥

■ 添水以补偿蒸发所消耗的水

每月维护

■ 用水族箱中的老水清洗生物过滤介质以清除碎片

■ 如果用了活性炭，需要更换活性炭

■ 擦拭灯管和 / 或灯罩，以去除任何聚集的水垢或藻类

■ 清洁过滤器叶轮和进 / 出水管道

年度维护

■ 更换灯管

■ 检查过滤器叶轮的磨损情况，必要时更换

■ 购买新的水质检测试剂，以确保试剂都在保质期内

■ 检测水族箱中鱼的数量和大小，如有必要考虑更换一个较大的水族箱

■ 检查底座和灯罩是否完整，如有必要，考虑更换购买新的藻刷、刮刀刀片和海藻磁刷

■ 给水族箱来一个全面清洁，全面换水 1 次，甚至重新造景来保持水族箱的美观

右图：应该用原水族箱里的老水清洗机械过滤器介质，如有必要的话，更换机械过滤介质。

下图：定期换水，同时进行水质检测。

5 项基本任务

1. 擦除藻类。
2. 换水。
3. 过滤器维护。
4. 水质检测。
5. 喂鱼。

综合维护任务

维护的最好方法是将几项工作同时进行，这会事半功倍，留更多的时间来休息和享受水族箱内的美景。维护最好和最快的形式是把除藻和底质真空洗沙，过滤器维护和换水结合起来。

首先，用藻刷把水族箱内壁擦干净，接着用真空洗沙器清洗底沙，然后除去洗沙器内的水，将水储存在水桶里，在过滤器断电后取出介质，用老水清洗。最后倒掉脏水，将介质放回过滤器，往水族箱内加入去除残氯的自来水。这些工作可以在半小时内完成。

除了在 124 页上列出的设备，有些产品也有助于维护。细菌培养物可以溶解固体废物，改善水质。电解质和 pH 缓冲剂可以加到水族箱中，以维持水体硬度、碱度和 pH，从而避免水体生态平衡的崩溃。

常用的维护工具

每个养鱼人都应该有以下这些便利的工具。

真空洗沙器

由虹吸管和大口径的硬质水管组成，真空洗沙器简单而有效，工作原理是虹吸管从水族箱中通过虹吸作用抽水，同时能够从沙砾中吸取污垢。在给水族箱换水之前，你可以通过选择大小合适的真空洗沙器清洁整个水族箱基质，这样可以让水族箱在换水的同时保持清洁。现在市面上还有更精致的洗沙器，甚至可以伸到角落里，吸口覆有网格，以防鱼儿被吸进去。有的还装有起动装置，让你不必先对管子进行虹吸就能起动该设备。

磁藻刷

这是一个非常方便的工具，由两片磁铁组成，一个在水族箱里面，一个在水族箱外面。它们紧吸在一起，在外面的磁铁上覆盖着一层抛光的软布，在水族箱内的磁铁上则覆盖着一层粗糙的刷子。慢慢地在水族箱外壁拖动磁刷外层磁铁，内层磁铁就会跟着滑动，在此过程中去除缸壁上的藻类。

磁藻刷甚至可以清洁水族箱角落和侧面水族箱壁。你可以快速、方便地清洁水族箱，而不用弄湿你的手。

它们有针对不同水族箱的各种形状和尺寸。小型的磁藻刷仅能清洁小型水族箱，所以对于一个大的水族箱，你需要有更大、更有力磁藻刷。磁藻刷可以漂浮在水面上，如果缸内磁铁从玻璃上掉落，它就会漂浮在水面上，方便拿起来。

长柄刮刀

顾名思义，长柄刮刀是用来清洁缸面较高的水族箱、玻璃、亚克力水族箱后方的藻类。长柄刮刀由粗糙的刷子、塑料刮板或一

个金属刀片组成。金属刀片可以有效去除顽固的硅藻或藻类的钙质沉淀。

藻刷

这也许是最简单的清洁工具，它是一个用来清洗水族箱玻璃和去除藻类而专门设计的粗糙刷子。只能使用水族箱级别的刷子，因为洗碗刷可能会刮伤玻璃，并含有对鱼有毒的清洁剂。如果你在清洁亚克力水族箱，应使用柔软的，不伤害亚克力玻璃的刷子。

桶

养鱼的时候，桶是必不可少的，有很多用途。在维护过程中，桶可以用来先盛虹吸出来的水，而后把水用桶运到下水道倒掉。它还可以用来清洗水族箱中成熟的过滤介质，以及更换干净的水和加水。

用一个专门的桶或几个桶来养鱼，并确保桶里没有家用清洁剂。理想的水桶内部有刻度线，可用来加除氯剂、药剂等。水桶顶部盖的盖子可以在运输或装鱼的时候使用。

虹吸管

任何可弯曲的吸管都可以使用，但通常使用 12 毫米或 16 毫米直径的吸管来去除水族箱里的水。透明吸管可以让你看到里面的水流。市面上有卖起动装置的，可以连接到

虹吸管的末端，可以让你不必先对管子进行虹吸就能启动该设备。

真空电动换水洗沙器

这种工具使用小型插头可以插入主电源，或用电池作为能源来创造吸力，通常带有清洁砾石的附件。尽管不如常规虹吸管清洁能力强，但电动清洁器有一个附件可以将垃圾吸附在管头细网上，并在清洁的时候把水倒回水族箱。这意味着你不需要同时进行换水。

鱼类健康

能够识别并治疗鱼病对保持鱼类健康至关重要，因此了解鱼类健康基本知识非常重要。

鱼为什么会生病

只要鱼在这个星球上生存，就会有许多微小的生物寄生在它们身上，它们可以是寄生虫、真菌或细菌。在水族箱里也没什么区别，只要你养鱼，在某种程度上，就不得不处理这些问题，即使你的鱼生病不是因为全部由寄生虫、真菌和细菌引起的。

鱼类疾病的主要原因是压力（应激），就像我们一样，当鱼类健康时，它们通常能够自己战胜各种疾病。只有当它们体况变差时，它们就会感染疾病。

应激最常见的原因是水质差造成的，所以如果你的鱼生病了，你必须考虑到在任何症状出现之前鱼已经受到了应激，一个很可能的原因就是水质差。正因为鱼儿健康状况不佳和水质之间的关系，你必须做的第一件事就是检测水质。无论多么好的补救办法，

鱼都不会在水质差的环境中恢复健康，因此好的水质必须是首要满足的条件。

疾病诊断

一旦你确定鱼已经生病了，就必须清楚病因是什么，因为不同疾病的治疗方法是不一样的。

鱼类疾病大致可以分为三类：寄生虫感染、细菌感染和真菌感染。

寄生虫感染

白点病

你可能会遇到的最常见的寄生虫感染病被称为"白点病"。

白点病的特征是鱼体全身遍布数百个针点大的白点，通常从鱼鳍上开始扩散。白点并不是寄生虫本身，而是寄生虫抓在皮肤上导致形成的一个个囊肿。白点病传染力很强，寄生在受到应激和拥挤胁迫的鱼体身上。如不及时治疗，它可能会摧毁整个水族箱，但是如果治疗及时，用药正确，就很容易治愈白点病。

治疗白点病

尽管寄生虫的一个阶段必须要生活在鱼的皮肤、鱼鳍或鱼鳃上，但白点病寄生虫只有一个生命周期，也包括在基质中繁殖。在严重情况下，移除所有基质，从而阻断下一代寄生虫的关键生命期。

白点病对高温也很敏感，如果你的鱼能忍受高温，就应该把水温提高到30℃，保

持1周甚至更长时间。最后，按照说明书使用一种白点病药剂，通常需要在一周内用几次药。

丝绒病（又称胡椒病）

丝绒病一般看不到症状，除非到了晚期，经常被误诊为白点病。它有与白点病类似的方式感染鱼类，也同样具有传染性，只是斑点更小、数量更多、看起来更黏稠、呈现黄色（见左下图）。鱼也会产生大量黏液来对抗这种寄生虫。丝绒病可以迅速感染一整水族箱的鱼，如不及时治疗就会杀死水族箱内的鱼。

治疗丝绒病

使用一种抗寄生虫的治疗方法，或者一种专门治疗黏液和丝绒病的药剂。必须按照瓶子上的说明，迅速用药。

鲺

鲺也被称为"鱼虱"，是一种肉眼可见的大型甲壳类寄生虫，成虫直径为5毫米，会紧紧抓住鱼的身体和鳍，有时还在鱼鳃里爬行。因为它们很大，很多药物对它们无效。如果任由它们迅速繁殖，底质和玻璃上可以

治疗鱼病的小提示

- 从过滤器中去除任何活性炭，因为活性炭会影响所有用药效果
- 增加额外的曝气，因为许多疾病会导致鱼儿呼吸困难，而药物会将氧气从水中去除

- 用医用水族箱来治疗严重疾病，因为药物在空水族箱中效果更好。大量的装饰和植物会吸收药物，降低药效
- 明亮的光线会分解药物，所以把灯关掉
- 一开始将新进的鱼类隔离，那么在主水族箱内暴发疾病的可能性会大大降低。隔离箱也可以用作医用水族箱

看见成串的卵。在严重的感染状态下，我们甚至可以看到鲺在鱼群之间游动。

治疗鲺

由于它们体型大，你可以用镊子或你的指甲将鲺从鱼身上取下来，检查大型鱼的鱼鳃里面，然后用一种专门杀死大型甲壳类寄生虫的药剂来治理整个水族箱。在异形金鱼身上，鲺很常见。所以在购买之前，仔细检查鱼体，并将新购买的鱼隔离在一个空水族箱里，以发现任何可能的警示信号。

细菌感染

细菌感染和寄生虫感染一样常见，甚至在寄生虫攻击后，二次感染鱼类。细菌是看

如果你不确定鱼儿感染的是细菌还是寄生虫，请咨询一位水族专家。若不确定，可使用广谱性药物。

不见的，但鱼受到它们感染后往往会在身体或尾巴上表现出白色标志，并悬挂在水中或在水面下，鱼儿看起来很难受。这需要经验，才能发现寄生虫感染的早期阶段，但夹鳍通常是一个已经确定的迹象。早点发现疾病的征兆，事情就会好很多。但如果没有被发现，它就会感染即使不是全部，也是大部分的鱼，尤其是新鱼。有些鱼比其他鱼更容易受到细菌感染，特别是胎生鱼类。在放养密度过大、维护不到位的水族箱中，细菌感染的现象更普遍。

治疗细菌感染

首先，你需要确定病原是细菌而不是寄生虫，所以在水族店购买鱼的时候咨询店里的水族专家。如果不确定，就必须添加一种广谱性的药物，其中包含几种已知的化学药物，可以消灭多种疾病。一旦确诊，治疗的最佳方法就是专门针对细菌感染的治疗。

真菌感染

真菌感染很容易诊断，因为鱼儿会呈现棉毛样的外观（右图）。如果一条鱼感染了

真菌，那就真的很麻烦，因为真菌感染是系统性疾病，会毒死鱼类。在鱼类感染了寄生虫病之后，鱼不停刮擦物体以减轻刺痒，这会导致体表破损，使之二次感染上真菌，就会成为压死骆驼的最后一根稻草。雌性金鱼在产卵的时候容易受到真菌感染，因为它的两侧皮肤会变薄。一旦发现真菌，就要立即治疗。

治疗真菌感染

将病鱼隔离，使用专门针对真菌的治疗方法。由于这种感染通常是由体表创伤引起

的，所以你不需要处理整个水族箱。改善所有水族箱的清洁和卫生状态，以防止真菌孢子的传播。

其他常见的疾病

水肿

　　这是另外一个很容易识别的病症，尽管很难治愈，总是以鱼类的死亡而告终。水肿可能由细菌感染引起。水肿在一群鱼中随机发生，通常只影响一条鱼。流经鱼体的水的平衡被打破了，鱼体组织被水充满而膨胀，使鱼看起来像气球。这反过来又引起鱼鳞凸出体表，眼睛也凸出身体，下图所示的鱼就是典型的水肿病病征。

没有什么方法可以治疗水肿，它也不能代表水族箱存在其他任何问题。据说一些治疗方法对水肿有效，但这通常都已经太晚了。

烂鳍病

　　这是一种在金鱼各个变种中常见的疾病，烂鳍病看起来像白色补丁，从鱼鳍末端开始扩散到鱼鳍根部和整个鱼体，它会扩散吞噬掉鱼鳍并给鱼造成严重影响（见下图）。几乎所有的原因都是由于放养密度过大、冷水水族箱的过滤功能不足，导致的水质不良。一旦确诊，应立即使用一种药物来治疗，同时治疗烂鳍病和真菌病。如果烂鳍病被及时发现并有效治疗，鱼就会存活，但鱼鳍恢复可能需要几个月的时间。

繁　殖

饲养热带鱼、冷水鱼或海水鱼的最大好处之一是，大多数的鱼能够在水族箱中繁殖。鱼类繁殖很快就从偶然的意外变成一种迷人的消遣，甚至可以让你赚到钱。

哪种鱼会繁殖

大多数的鱼会在水族箱里繁殖，提供给它们一个合适的伴侣，但是有些品种繁殖比其他物种容易得多。如果你已经养过鱼，你可能已经繁殖过鱼，因为有些物种的繁殖就像众所周知的兔子一样，繁殖能力非常强。如果你是养鱼新手，一些最常用的鱼类也是最容易繁殖的品种。让我们来看一些常见的易繁殖物种和它们的繁殖习性。

胎生鱼类

这个有趣的群体包含了一些流行而常见的物种，如孔雀鱼、玛丽鱼和花斑剑尾鱼，它们是所有冷水鱼、热带鱼、海水鱼中最容易繁殖的鱼类。之所以被称为胎生鱼类，是因为母体直接生下了活的仔鱼。

雄性胎生鱼类用特化成"生殖足"的臀鳍给雌性进行受精。雌鱼的卵受精后，随着仔鱼在它们身体里孵化和生长，雌鱼的腹部逐渐膨胀起来。在交配后的一个月里，雌性胎生鱼会生出20条或更多的仔鱼，这些新生仔鱼一出生就能够游泳和摄食。

胎生鱼是一种很好的入门鱼类，很容易繁殖，只要把雄性和雌性鱼放在一起，雌性就会受孕并生产后代。在一个装饰精美的水族箱里，没有肉食性鱼类，胎生鱼后代可能会活到成年，它们的父母也会生产越来越多的仔鱼。孔雀鱼以其多产而闻名，孔雀鱼曾经有一个名字叫"百万鱼"。如果放任不管，水族箱内的胎生鱼将会引发"人口爆炸"。

下图：胎生鱼类，像雌性孔雀鱼，已经能够在家用水族箱中繁殖了。

如何繁殖胎生鱼

案例：孔雀鱼

以孔雀鱼为例，你需要一条雄鱼（通常有大而色彩鲜艳的尾巴）和一条雌鱼（通常比雄性鱼大，但色彩暗淡）。然而，大多数胎生鱼在水族店水族箱里混养的时候，它们就已受孕。受孕的雌鱼被称为妊娠鱼，看起来很丰满，通常会有一个"妊娠点"，即腹部上的黑色斑点，结合比平时大的腹部，就表明它们妊娠了。

一开始，需要2条或更多的雌鱼和1条雄鱼，由于雄性会持续进行交配，雌性会变得非常紧张。放入雌性的数量要比雄性多，这样所有的雌鱼不会同时被雄鱼追赶。一旦你把雌雄鱼放在一起，雄性就会和雌性交配。

随着雌鱼体型的增大，你需要制订计划把它们分开来生产。许多其他的鱼类会吃掉新生的胎生仔鱼，有趣的是，母鱼也会在仔鱼刚出生时吃掉一些。为了阻止这种情况发生，雌鱼应该被独自放在一个水族箱里，水族箱里种植一些羽毛状的植物，让仔鱼躲藏，以避免仔鱼被捕食。

或者将待产母鱼安放在一个特殊的小型水族箱里，被称作繁殖阱。这个小型水族箱在主水族箱里，侧面有孔槽，用于和主水族箱进行水交换。雌鱼被安放在繁殖阱里面，隔着网格，当母鱼生产仔鱼后，仔鱼就通过网格游向繁殖阱底部，在那里母鱼就无法捕食仔鱼。一旦你发现了仔鱼，就移走雌鱼，并在约第一周内，仔鱼会被留在繁殖阱里饲养和摄食。需要早点构建大点的饲养空间，因为仔鱼将需要比繁殖阱更大的空间来进行生长。

也可用繁殖网，能够为主水族箱中的小鱼提供一个安全的避难所。

每天用液体的胎生鱼仔鱼饵料、水蚤、磨碎的片状饲料和新孵化的丰年虫来喂食胎生鱼幼体多次。几个月后，它们就会成年，也可以开始繁殖了。

卵生鱼

在鱼的世界里，产卵是最常见的繁殖方式，鱼以各种方式产卵。散布产卵鱼类正如其名字所示，雌鱼在植物或基质上散布数百个小的卵子。当雌鱼产散布卵时，雄鱼会散布精子，使卵子受精。没有亲鱼护卵，产卵后亲鱼会到处游走，同时也会吃它们自己散布的卵。著名的散布产卵鱼类包括金鱼、斑马鱼、灯鱼和红鳍银鲫。

如何繁殖产散布卵的鱼

案例：斑马鱼

为了繁殖像斑马鱼这样产散布卵的鱼，首先需要有雄性和雌性亲鱼。雌性身体通常比较大，更丰满；雄性通常较小但色彩更丰富。如果你不确定它们的性别，就一次买6条，希望这6条中能同时有雄性鱼和雌性鱼。

产散布卵的鱼不像胎生鱼一样总是不停地繁殖。首先鱼需要成熟期且进入繁殖期。此时雌性鱼会因怀卵而变得丰满。雄性鱼开始在水族箱里追逐雌性鱼，炫耀和轻推它们

上图：钻石彩虹鲫属于典型的散布产卵鱼。

的腹部。在一瞬间，雌性会释放出大量卵子，而雄性则会释放它们的精子，然后受精卵便开始着床。

为了保护受精卵不受亲鱼侵扰，可以采取一些办法。在空水族箱里可以放入一些石块，这样卵就会落在石块之间，而使亲鱼无法接触到。可以使用大量的羽毛状的植物，希望受精卵在沉落过程中可以依附在叶子上。也可以选择合成的、自制的"植物"——被称为"产卵拖把"，这种产卵拖把是一些绒线制成的。

一旦发现了受精卵，就把亲鱼从水族箱里移走，等受精卵在几天内孵化成微小的仔鱼。这时候必须使用非常柔和的过滤器，以避免吸走新生鱼苗或它们所需的微小食物（如产卵鱼类仔鱼需要的液体食物、新孵化的丰年虫等）。极微小的幼苗需要更小的食物（如纤毛虫类原生动物类饵料）。

定点产卵鱼类

定点产卵鱼类产黏性卵，它们有目的地将卵产在选定的地点附近。产卵地点可以是一块木头、一块石头、一片植物叶子或在洞穴里面。最著名的定点产卵鱼类是丽鱼科鱼（慈鲷），这是一类体型大、色彩艳丽、智商较高的鱼类，它们有护卵和护幼行为。

由丽鱼科鱼类所展示出的这种护卵、护幼行为就意味着它们的后代更有可能避免被摄食而存活下来。

案例：红肚凤凰

红肚凤凰在洞穴中产卵，亲鱼会保卫它们的后代不被其他鱼吃掉。你必须先选择配对的鱼，选择腹部红色、膨大的雌鱼以及有铲状尾巴的体型较大、较长的雄鱼。

雌性进入产卵时期会变胖，色彩更艳丽，对雄性更在意。当它准备好了，就会把雄鱼带到洞穴里（洞穴由岩石、木头、椰子壳或花盆做成）并产下卵子，同时雄性对卵子进行受精。在几天内卵就孵化成子孓样的仔鱼，刚孵化出的仔鱼会黏附在洞穴里，直到能进行自由游泳。在这个阶段，亲鱼会一直守护着它们的后代幼体去觅食，沿途恐吓其他的鱼。仔鱼应投喂丰年虫幼体、水蚤、磨碎的片状饲料和为产卵鱼类仔鱼提供的液体饵料。

气泡筑巢的鱼类

气泡筑巢的鱼类是定点产卵中的一种，雄鱼在水面上建造一个漂浮的气泡，然后雌鱼就在气泡下面产卵。通常雄性会在短时间内保护卵和幼鱼，并照料巢穴。气泡筑巢的鱼类的著名例子是丝足鱼和泰国斗鱼。

案例：天堂鱼

首先选择配对的鱼。雄性更大，鱼鳍比雌性的长并且鲜艳，雌性更丰满。雄性需要一些东西来让其气泡附着，如植物叶子。

雄性花几天时间在水面上吹黏性的泡泡，直到形成一排几英寸大小的气泡。然后雄鱼向雌鱼展示它的身体，引诱它们并最终

将其身体以拥抱的形式环绕雌鱼。雌鱼上下翻转，将卵产在气泡巢穴里，然后雄鱼对卵子进行受精。几天内仔鱼孵化并悬挂在水面，大约一周内雄鱼会持续保护它们，到那时气泡巢穴会消散。仔鱼必须以细小的活饵料为食，如纤毛虫类，以及为产卵鱼类仔鱼提供的液体饵料。

下图：短鲷类，如此图中的酋长短鲷，定点产卵并保护它们的后代。

胎生鱼类

羽毛状植物可以为仔鱼提供隐蔽所

漂浮的繁殖阱将母鱼和新生仔鱼隔离开（新生仔鱼隔离在下层）

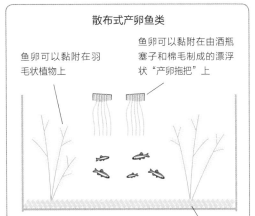

* 雌雄比例 2：1
* 生产后移走所有的成鱼
* 为了卫生状况，水族箱底部不要放置底质
* 最小型水族箱尺寸 30 厘米 ×15 厘米 ×15 厘米

散布式产卵鱼类

鱼卵可以黏附在羽毛状植物上

鱼卵可以黏附在由酒瓶塞子和棉毛制成的漂浮状"产卵拖把"上

鱼卵可以黏附在底层的沙砾层上

* 一群性成熟的雌雄鱼
* 3 种捕获卵的方式以确保成功
* 产卵后立即移走成鱼
* 最小型水族箱尺寸 30 厘米 ×15 厘米 ×15 厘米

定点产卵鱼类

用石头做成的洞穴　　大型叶片植物　　花盆

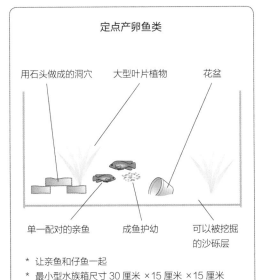

单一配对的亲鱼　　成鱼护幼　　可以被挖掘的沙砾层

* 让亲鱼和仔鱼一起
* 最小型水族箱尺寸 30 厘米 ×15 厘米 ×15 厘米

气泡筑巢的鱼类

能接触到水面的羽毛状的高株植物　　漂浮植物

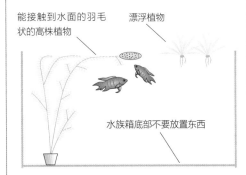

水族箱底部不要放置东西

* 单一配对的亲鱼
* 产卵后立即移走雌鱼
* 让雄鱼和仔鱼一起
* 最小型水族箱尺寸 60 厘米 ×30 厘米 ×30 厘米

第三章

海水水族箱和鱼类

海水水族箱

就成就感而言，海水水族的爱好绝对是首屈一指。没有什么比得上海洋生物多姿的外形和多彩的体色。和海水鱼一样，珊瑚、无脊椎动物，都会让你记忆深刻，同时带有无尽的挑战。

如果你之前没养过鱼，就想直接从养海水鱼类开始，那么你应该警告自己你将要进入最难的领域。海水鱼类是最难养的海洋动物之一，如果你养过冷水鱼或热带鱼，那么这些经历会对你有所帮助，它会帮助你了解有关喂养、水质检测和水族箱维护的基础知识。但是对于毫无经验的新手来说也有一些好处，因为新手通常会很大程度上忽视淡水过滤的基本原则，而重新去学习海水过滤知识。尽管如此，过去任何养鱼经验都是很有价值的。

捕捉并饲养这些精致的鱼儿和珊瑚，以

及不可避免地苛刻的环境——它们需要精确的水质条件，不能犯任何错误。人们梦想拥有一个充满珊瑚、虾、蟹和海星的海水水族箱，水族箱内水中满是多姿多彩的鱼儿，如同你在假日或自然纪录片中看到的水族箱一样。然而，现实是，这些是可以实现的，而且现在的爱好者可以将珊瑚礁复制得都更接近自然，但是这需要时间、金钱、知识和决心，如果你没有这些，也许你不太适合养海洋

生物。

这并不是要让你远离海洋生物，只是忠告。由于大多数海洋生物仍直接从海洋转移至我们客厅的水族箱里，所以我们有责任为它们提供力所能及的最好的生存环境。特别是珊瑚礁是一种有限的资源，正随着全球变暖、污染、过度采集和航运破坏等问题逐渐减少。为了应对这一情况，我们必须为这一切行为负责任，在购买之前，对珊瑚进行深入研究，了解将要购入珊瑚的特性与需求，甚至还要告诉没有养过鱼的人，珊瑚是活生生的动物，我们必须尽力去保护它们。

好消息是，许多海洋爱好者正在做这样的事情，自己繁育珊瑚，并将繁育的珊瑚与朋友分享，以便在水族箱内建立珊瑚群落，以传播珊瑚礁可持续发展的观点，并了解自然珊瑚礁发生和发展的规律。更棒的是，现在的爱好者掌握了珊瑚繁殖的最前沿技术，许多在自己客厅培育珊瑚的爱好者也正向公众水族馆和科学组织提供珊瑚繁育与养殖的相关建议。如果有一天我们为了珊瑚礁的恢复而把珊瑚放回海洋里，我们会对曾经甚少有人知的珊瑚所做的这些有用的工作感到非常满意。也就是在最近的几十年里，我们才发现珊瑚是动物而非植物。

因此，只要你做事情有担当，把海洋当成一种爱好而非时尚或潮流必备的东西，那毫无疑问它会极大地使你感到满足同时丰富你的生活。我们现在所能做到的是，能独自在家中创造属于自己的一部分珊瑚礁，这样看来我们确实非常幸运。

热带海洋生物需要什么

珊瑚只栖息在海洋的某些地方，这些地

方可以给它们提供生存所需的条件。这些条件包括明亮的热带自然全光谱，强大的底部水流，大波大浪，全年恒温，附近有充足的浮游生物作为食物，以及总是干净、高纯度、低营养盐的海水。如果在家庭水族箱里能模仿这些条件，那么饲养海洋生物应该没有什么问题。你甚至可以在一个纳米水族箱中建造一个非常小的珊瑚水族箱，不过大的水族箱会更好，因为大的水族箱环境会更稳定并且能允许你养殖更多的鱼类。

海水水族箱设备

为了在家里制造一个珊瑚礁环境，你需要一些设备。海水水族箱里的设备可以根据需要进行调整，这取决于你想在里面养些什么。下面是针对不同种类的海水水族箱列出的一些典型的设备购物清单。

无鱼纳米珊瑚水族箱

如果你不考虑养鱼，纳米珊瑚水族箱体积很小，仅仅只能饲养虾、蟹、蜗牛和珊瑚虫。它们适合放在桌面上或是放在比较结实的置物架上。由于水族箱里不喂养任何鱼类，因此你可以不用除氮器。下面列出的设备是在假定活石承担生物过滤功能的基础上。

- 水族箱
- 水泵（提供流量，每小时提供十倍的交换量）
- 加热器（如果放在寒冷的房间里）

- 点光源（包含海洋光谱，且每升水提供 1 瓦的照明）
- 水质检测试剂盒
- 液体比重计（可测定盐度）
- 温度计

养鱼的纳米珊瑚水族箱

当你把鱼放在纳米水族箱里时，你必须为它们提供足够的运动空间和水质足够稳定的水，以处理它们所产生的污染物。建议保持 45 升及以上的水量来饲养鱼类，并且要添加某种设备（如蛋白质过滤器）将多余的营养物除去。以下设备列表是假定活石作为过滤的主要形式。此列表可适用于任何大小包含软珊瑚的水族箱，是柏林系统的基础（见144 页）。

上图：冷水机是有用的，但非必需的设备

上图：钙反应器有助于珊瑚生长

上图：蛋白质分离器对于任何有鱼的海水水族箱来说都是必不可少的

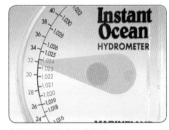

上图：测量盐度的比重计

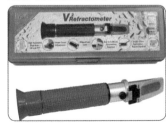

上图：光度计测量非常准确

- 水族箱
- 水泵
- 加热器
- 点光源
- 水质检测试剂盒
- 液体比重计
- 温度计
- 蛋白质分离器
- 紫外线 UV 灯（可选，但在对于控制海洋刺尾鱼科的白点病有用）
- 外置过滤器（可选用化学过滤介质，如磷酸盐去除剂或活性炭）。去除所有的生物过滤介质，因为海水水族箱里的生物过滤将会由活石完成

高科技石珊瑚水族箱

能够成功地将珊瑚养殖到十分接近自然状态下的珊瑚礁，是目前珊瑚养殖领域最尖端的水平。珊瑚顶端有着最明亮的光照，水族箱里水流循环速率最强。这些珊瑚对高温、高营养盐、低照明和低流量的忍耐力最弱。由于高功率照明产生大量的热量，所以很少需要加热器。

正如你所看到的，设备清单似乎无穷尽，而钙反应器、冷水机、自动补水装备、计算机的购买和运行费用都不便宜。每件设备都需要插上电源，这使得管道和布线就是一个系统工程项目。把它做好，结果将是壮观的；做不好的话，将会导致一个又一个设

上图：高科技石珊瑚水族箱令人惊叹。

上图：纳米珊瑚水族箱很受欢迎。

备方面的噩梦。仅建议由有经验的专家来做这样的项目，而且需要确保有财力、时间和技术，以保证系统能够正常运转。

- 水族箱（可选带钻槽的水族箱,可用于底缸过滤）
- 大流量水泵（每小时提供 20 次以上水循环）
- 造浪设备（可选，制造不同水流模式的装置）
- 大功率金属卤化物灯（每升水提供 1 瓦或更多的光照量）
- 水质检测试剂盒（pH、氨氮、亚硝酸盐、硝酸盐、磷酸盐、钙、酸碱度、镁）
- 折射比重计（在测量盐度方面比比重计更准确）
- 温度计
- 蛋白质分离器
- 紫外线灯（可选）
- 底缸（可选，但建议购买，可以将所有设备装在里面）
- 保存缸（国内水族界有的又称为"藻缸"，要么悬挂在主水族箱的后面，要么装在水族箱底柜里）
- 钙反应器（为珊瑚的生长提供钙和镁）
- 二氧化碳系统（为钙反应器提供所需物质）
- 冷水机（在高光照系统中是控制水温的必需设备）
- 计算机（可选的监控设备，可以控制流量模式和照明并且能够读取盐度等）
- 磷酸盐反应器（可选，以便从系统中尽可能多地去除磷酸盐，为石珊瑚提供最佳水质条件）
- 自动补水装置（可选，但对每日蒸发量高的系统有用）
- 反渗透装置（可选，用于补足蒸发的水分，同时用于水族箱换水时配制人工海水）

海水水族箱过滤系统

如果你以前养过淡水鱼，了解与生物饲养有关的过程，请注意它们与海洋生物有所不同。如果你想直接进入海洋的世界，学习路线可能是曲折的，但你一旦沉迷于它，它就会变得容易。

生物学过滤

从淡水过滤中可以看出，生物过滤是维持良好水质的最重要组成部分。在海水水族箱中，你可以使用相同的陶瓷环和海绵来培养细菌，但最好不要这样。

我们知道，氨是由细菌转化为亚硝酸盐，然后是硝酸盐，只是我们不希望这些污染物在海水水族箱里，特别是当里面有非常敏感的生物时。当你在海水水族箱中进行生物过滤时，实际上使用的是一种相当不错的装饰，这就是活石。活石就像一个巨大的陶瓷生物介质块，为主水族箱培育大量的有益菌。所以，使用活石，既能装饰你的水族箱，又能起到过滤的作用。使用传统的淡水过滤培菌方法，你最终只会在水族箱中积累大量的硝酸盐。

生物过滤在海水水族箱中也略有不同，因为活石上生物的多样性，这些生物能完成整个硝化和反硝化作用，能消耗硝酸盐（这是活石与传统淡水生物介质相比的另一个优点）。理想的做法是由好氧细菌在活石的表面将氨分解转化成硝酸盐，然后在活石内部和在水族箱底部的细小沙粒中由厌氧细菌将经硝化作用合成的硝酸盐进行厌氧分解。

但你也可以不使用生物过滤来去除污

左图：活石被用于生物过滤。

上图：一个悬挂着的蛋白质分离器。

右图：底缸过滤中的蛋白质分离器。

染物，或者至少你也可以自己动手来进行过滤……

蛋白质分离器

蛋白质分离器是一种仅在海水中工作的机械过滤器。其工作原理是在管内产生微小的气泡，然后当气泡上升的时候收集蛋白质。当气泡到达管的顶端时，将会变成泡沫，溢出到收集杯里。收集泡沫的残留物，然后将其丢弃。

蛋白质中含有氨，因此，一个有效的蛋白质分离器也可以在氨分解为亚硝酸盐和硝酸盐之前将其除去。亚硝酸盐和硝酸盐是海水水族箱中不希望含有的物质。这种预过滤和机械去除减轻了活石的负担，有助于一个海水水族箱保持更干净的环境。珊瑚和无脊椎动物需要非常干净的水，它们只能在低营养水平中生存，因此，保持清洁、干净的水环境对海水水族箱非常重要。

柏林系统

蛋白质分离器可以结合活石在主水族箱里提供机械过滤和生物过滤，这两者的结合是非常有效的。海洋珊瑚水族箱只是通过活

右图：良好的水循环对柏林系统至关重要。

下图：细小气泡上升并收集蛋白质。

底图：一个好的蛋白质分离器分离的物质会呈现褐色并且散发出难闻的气味。

石和蛋白质分离器进行过滤的系统称为柏林系统。几十年前柏林系统的发明彻底改变了海洋生物养殖，使今天我们可以饲养如此多的海洋生物变成了现实。

然而，柏林系统还需要另一个关键因素，那就是强劲的水流。为了使好氧细菌在活石上生存，让细菌从水柱中得到食物和必需的氧气，我们必须保持强劲的水流。

传统上，可以很容易地通过在活石上安装水泵来实现强劲的水流，并使水泵的数量增加到足以提供每小时循环十倍水族箱体积的流量。这也同时有助于为软珊瑚提供足够

怎么才是一个好的蛋白质分离器？

为了有效地去除蛋白质，泡沫需要有一个大的表面积，由许多微小的气泡组成，而不是一些大的气泡，同时也需要较长的接触时间，这意味着泡沫溢出到收集杯前，气泡接触水族箱中水的时间要尽可能长。在收集杯中的物质应该是脏污的，呈灰色或褐色，有臭味，像肉汁一样黏稠。这证明大量污染物正在从水中去除，被称为"干浮沫"。湿润而发黄的滤渣称为"湿浮沫"，意味着你可能需要调整你的装置。

左图：底缸过滤中的蛋白质分离器适合放在底柜里。

小贴士

选择一个可以处理你水族箱容积两倍的蛋白质分离器。当蛋白质分离器作为你过滤的关键设备时，不要吝啬，选择一个性能最好的蛋白质分离器。

的水流。柏林系统改善了水质，保证了强劲的水流，这被证明是海水水族箱发展的基石。

现代柏林系统可以让生存更困难的石珊瑚生长，因为它拥有更大的蛋白质去除效率及每小时水体循环至少20倍水体的循环率。

底缸

底缸是位于主水族箱下面，能放置设备或过滤介质的水族箱。它们可以用于淡水系统或海洋系统，但在海洋系统中自成一体。

海水水族箱通常使用许多不同的设备去做不同的工作，这会使水族箱看起来很拥挤、很乱、很难看。不是所有的蛋白质分离器都能很好地放在水族箱里，因为它们不能超过压力刻度线，在水线以上需要进行大量的清理。底缸可以为蛋白质分离器、加热器、造浪泵，以及紫外灯、冷水机和钙反应器的管道提供安置的空间。底缸甚至可以放置活石、

活沙和大型海藻，这样特殊的底缸又可以称为保存缸。

当你考虑底缸时，你还必须考虑上面的主水族箱。可以用溢流盒来将上面的主水族箱中的水输送到下面的底缸里，但是最好给底缸供水的主水族箱是带有栅栏的水族箱。溢流盒装在主水族箱背后，在盒子后面有一个洞。栅栏可以防止整个水族箱里的东西从孔中倾倒出来，使多余的水会流过栅栏顶端（在主水族箱的顶部）。底缸里会有一个水泵，可将底缸的水泵入主水族箱中。水在主水族箱中循环，然后溢出主水族箱，将主水族箱中的碎屑和废水带回到底缸中。而在底缸中，水被加热、过滤、去除蛋白质后再被泵回到主水族箱中进行新一轮的循环。

其他的好处

底缸有点像一个外置过滤器，其优点就是你做任何维护都不会干扰主水族箱和主水族箱里的鱼。由于底缸是敞口而不是密封的，底缸的水交换也可以直接进行，那里的水也会发生蒸发。

海水水族箱中的水蒸发得非常快，有时几天水位就会下降2~3厘米，如果没有底缸，就意味着主水族箱的水位将明显下降。大量水分的蒸发在常规下会使水位下降从而使珊瑚暴露在空气中，但是底缸和带有栅栏的主水族箱相结合，就可以保持主水族箱的水位，你只需要把底缸加满水，就可以增加总的水量。

保存缸

这是一种非常受欢迎的过滤方法，或是主系统的附加功能，是一种称为保存缸的底缸。所有的珊瑚水族箱都会产生只有使用显微镜时才可见的鲜活饵料，它们常被珊瑚水

族箱里的鱼类捕食，有时被过度捕食。但是这些微小生物对整个生态系统有好处。有些是腐生生物（即在水族箱底床里消耗固体废弃物），当它们繁殖后代时可以养活珊瑚。

有益藻类也可以在一个有光照的保存缸里进行培育，在那里它们可以生长、吸收硝酸盐和磷酸盐等营养成分，而不会被草食性鱼类如刺尾鱼和侏儒神仙鱼吃掉。

但保存缸最大特色之一是可以给浮游生物提供一个安全的生存环境，使它们的数量迅速增加，大量的浮游生物会通过水泵进入到主水族箱中，为鱼类和珊瑚提供完美的饵料。保存缸也可以培养大型海藻，然后作为食物喂给鱼类。

选择底缸

当你对整个底缸和栅栏的观念不确定时，便可以从水族店获取一些建议。专家会帮助你选择一个正确的底缸，并帮助你设计、建造一个有栅栏的水族箱，并确保不会有任何漏水或洪水现象的发生。

底缸可以在一些特别的水族店货架上买到，还有与主水族箱配套的水泵可供选择。停电时，少量的水从主水族箱通过管道滴入底缸中，底缸容积需要足够大来盛放这些从主水族箱溢出的水，而不会发生水灾。通常体积需要在 60 厘米 ×30 厘米 ×30 厘米以上。

小贴士

从底缸泵水回主水族箱的管道必须钻个小孔，以防止在停电时发生反虹吸现象。停电时，被泵入水族箱里的水可能会通过虹吸现象流回底缸，使主水族箱里的水被抽干；但在水管下钻一个小洞会随着水位的下降吸入空气，从而破坏虹吸以防止底缸发生"洪灾"。这个小孔很简单但对于一个成功的系统来说确是必要的。

海水水族箱的照明

为了养好水族箱内的海洋生物，海水水族箱的照明必须要有足够的亮度和正确的光谱范围。

为什么珊瑚需要光

当然，不是所有的珊瑚都需要光照，但是我们喜欢放入珊瑚水族箱里的五颜六色的珊瑚就需要光，这是因为它们里面藏有一些非常特别的东西。

珊瑚摄食有两种方式，第一种是通过其肉足捕捉浮游动物，某些物种只在晚上出来；第二种是通过生活在珊瑚组织内的一种特殊的共生藻类，被称为虫黄藻。虫黄藻像植物一样，在白天通过光合作用为珊瑚提供额外的能量。没有明亮的光照，这种藻类是不能进行光合作用的，可能会死，没有藻类，珊瑚则失去了一半的食物来源，从而危及其他生命过程。

所以一个珊瑚水族箱是一个和谐生态系统，所有生物的协同合作，展现出一幅活力

上图：明亮的金属卤素灯照亮的硬珊瑚礁。

小贴士

当你挑选珊瑚灯具时，首先需要确认灯具是否和你的鱼缸相适应。金属卤素灯需要无盖的、顶部开放的水族箱，开放的顶部也确保灯具不会过热。如果使用很多荧光灯管，则需要确认是否在鱼缸盖上留下足够的空间用于日常维护。

四射的珊瑚礁美景。细菌分解鱼类产生的污染物，光照饲养珊瑚、让浮游植物生长，浮游植物又被珊瑚和浮游动物摄食，而浮游动

关于照明需要考虑的事

■ 所有的光照都会穿透水面，配有反光板时效率更高，可高达100%。若没有反光板，50%的光照会被散射出水族箱

■ 任何明亮的光照都最好不要使用玻璃罩子，因为水飞溅，藻类滋生和盐渍将严重降低穿过玻璃罩子的光照。不要使用玻璃罩，并使用防水飞溅的灯具

■ 金属卤素灯灯泡在使用6个月后，其光谱范围和光照强度会下降。定期更换灯泡，以确保光照的质量，满足需光珊瑚的需求

■ 在接触和更换灯泡之前，让灯冷却至少半小时，否则明亮的灯泡会使人烫伤

■ 不要用手指接触金属卤素灯灯泡。要戴上乳胶手套或用面巾纸包着灯泡，否则手指上的油脂会印在灯泡上

■ 将照明灯接入计时器，以便它在每天的同一时间亮起，这样你水族箱内饲养的生物就可以适应昼夜规律。将光化蓝灯接入一个单独定时器，在主灯亮起前打开，并在主灯关闭后熄灭，提供黄昏和黎明效果，使你的鱼和无脊椎动物逐渐适应到明亮的光照

■ 每天照明不超过12小时。任何多余光照都是超过天然礁石所需，会产生过多的热量，同时滋生藻类

上图：蘑菇珊瑚仅需要很低的照明。

上图：小型水螅体珊瑚需要很强的光照。

物则被珊瑚和鱼儿摄食，珊瑚又为珊瑚礁鱼类提供庇护的场所和食物。生命不息，循环周而复始。

光照时间，光照亮度和光谱

那些构建珊瑚礁的珊瑚，需要和太阳光一样明亮的光照。如前所述，海水滤掉了全光谱阳光的红、黄、橙色部分，剩下的大部分都是白光和蓝光，珊瑚已经适应这两个光谱范围的光。我们可以通过荧光灯管，金属卤素灯或 LED 灯给珊瑚提供白光和蓝光。

取决于它们在珊瑚礁的位置，以及所处的深度，不同的物种适应不同的光照。下面的列表会给你提供一些关于不同珊瑚类型对照明的需求信息，以及礁石水族箱的照明设备相当于什么类型的光。

- 低光 = 4 x T8 或 2 x T5 加反光板。一些耐寒的软珊瑚（如蘑菇珊瑚），短指软珊瑚和肉芝软珊瑚，水族箱不太深
- 中光 = 4 x T5 加反光板。所有的软珊瑚、蘑菇珊瑚和大多数大型水螅体硬珊瑚（如气泡珊瑚）
- 高光 = 金属卤素灯 + T5 光化灯。一些软珊瑚，一些大型水螅体硬珊瑚，所有小的水螅体硬珊瑚（如鹿角珊瑚）

海水水族箱的水流

据一些专家报道，尽管许多珊瑚能够在光下生存，但是没有水流，珊瑚则无法生存。因此在海水水族箱中提供足够的水流，对于成功养殖珊瑚来说至关重要。

要想看洋流，你不需要漫游到珊瑚礁。世界上任何地方的任何海岸线都能看到海洋潮汐和洋流的力量，以及这些洋流如何影响了所有海洋生物的生活方式。

不像河流的流动是层流和单向那样，海洋环境受浪涌的次数、潮起潮落、洋流交替方向、风暴和潮汐等影响。海水在海洋中永远不会停止流动，珊瑚礁周围的水流总是特别强烈，因为水流来自深层、开阔的水域，当它被迫流入浅水区时，它会撞击在礁石上。珊瑚是众所周知的固着型无脊椎动物，总的来说，一旦它们附着在岩石上，就不能移动到一个更好的位置，除非它们生长并扩散到其他地方，但生长扩散是一个相当缓慢的过程。

然而，珊瑚作为一种动物需要食物同时也会产生代谢污染物。珊瑚周围流动的水流将会给它们提供浮游生物，即以浮游动物作为食物，同时冲走它们所产生的代谢污染物，这对于珊瑚来说非常重要，因为这些代谢污染物如果不被冲走，将会毒害珊瑚本身。如果没有强大的水流，珊瑚将会死亡。

在水族箱中创造水流

幸运的是，在水族箱里制造水流并不难。我们可以从电动过滤器和池塘用的水泵中借

用一些简单的技术来制造泵和电动头推动叶轮使水流动起来。

多年来，电动头是让水流动起来的最好选择，因为它能轻易买到并且价格相对便宜，它可以单独使用在水族箱里，因为在其吸水口处也配一个滤器，能够防止鱼虾被吸进去而死亡。平均 100 升的海水水族箱需配备 2 个 500 升 / 小时电动头或 1 个 1000 升 / 小时电动头，它能够很顺利地完成其十倍容积流量的水流要求。

双电动头甚至可以插入制造海浪的装置中，它能够交替提供动力来对水产生推拉效应，从而能够模拟自然界的海水流动。这种方法现在仍在使用，这也是海水水族箱中非常成功的柏林系统的关键作用之一。其中水泵将水流推到活石上，活石将污染物分解。同时水泵产生的水流流过珊瑚时会为珊瑚提供饵料资源并且把代谢污染物冲走。

现代造浪泵

当大型水族箱和对养殖有更高要求的石珊瑚种类需要更强的水流时，水族箱中的电动头数量就需要增加，到一定的程度时，它们将会有碍观赏，并且会产生热量和消耗大量的电。它们还会在小范围内产生高速水流，对于珊瑚来说，离水泵太近时水流过大，但是在稍远的地方水流又过小。

解决方案是设计全新的电动头，制造一种新型泵，新泵可以在更大的范围内让更多水进行循环，但是它的运转速度却较慢，同时使用更少的能源。现代造浪泵就此诞生了。

使用现代造浪泵，可以达到更高的水族箱内水体周转率，比如达到每小时交换 20~50 倍水族箱容积的水量，但使用更少的

一个正在工作中的造浪设备。连接到 2 个循环泵。每隔 45 秒，以下三阶段循环就会重复。

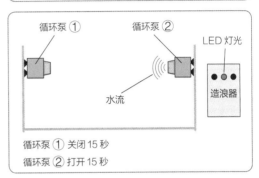

循环泵 ① 打开 15 秒
循环泵 ② 关闭 15 秒

循环泵 ① 关闭 15 秒
循环泵 ② 打开 15 秒

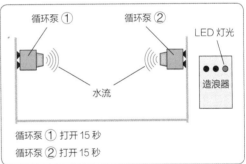

循环泵 ① 打开 15 秒
循环泵 ② 打开 15 秒

泵和能量，同时散发更少的热量。造浪泵是珊瑚礁石水族箱的最佳选择，可在低电压的形式和类型下通过先进的造浪装置来控制。现代造浪机可以同时控制 4 个大型水泵，并可产生几种预置的水流模式来模拟自然状态下的洋流。它们甚至可以在夜间减小流量，并且感知灯光的关闭。

海水水族箱的温度

与你想的恰好相反，热带海水水族箱最大的问题不是如何保暖，而是如何使之保持凉爽。虽然珊瑚礁位于炎热国家的周围，但珊瑚礁需要的温度却是恒定的。珊瑚礁周围温度变化会非常缓慢，如果环境温度发生变化，水温上升到27℃以上，那么寄居在珊瑚礁上的生物就会遇到大麻烦。

高温

高温给珊瑚礁生物带来许多问题，但主要是给珊瑚和无脊椎动物带来麻烦。如果受到热胁迫，能进行光合作用的珊瑚和海葵会发生漂白现象，这种漂白现象是因为所有共生的虫黄藻脱落导致的。这使得珊瑚失去了主要的食物来源，同时也表明水族箱出现了严重问题。海洋中太多的热量也会导致珊瑚礁变白，而当今随着海洋温度不断上升，海洋中的野生珊瑚礁正受到巨大的威胁。

上图：很酷的 LED 灯有助于防止过热。

水族箱发热的原因

在海水水族箱内最明显的热源是加热器（恒温器），但大多数爱好者在水族箱设置好后就移除了加热棒，因为他们意识到光照提供的热量就已远远超过需求量。

关于加热器的警告：劣质加热器可能开关会失效，导致煮鱼和煮珊瑚事故。一个海水礁石水族箱里的生物价值不菲，所以，不值得冒这个险。如果你需要加热器，则一定要购买最好的加热器。

在水族箱里，第二大热源是照明设备。金属卤素灯和大量的 T5 灯管会产生大量热量，足够加热一个房间，更不用说一个水族箱了，并且水比空气冷却时间还要长。如果你的家庭水族箱有四根 T5 灯管或金属卤素灯照明，你很有可能通过温度计发现基本上每天水温都要高于你所设定的温度。灯所在的环境越封闭，热量也就难以散发，问题也就越严重。照明镇流器也会产生很多热量。

有一件设备你可能没有想到它也会产生热量，那就是水泵。造浪泵和电动头都会产生热量。一般来说，它们功率越大，就会消耗越多的电能而产生越多的热量。它们一年四季，每天 24 小时都在工作。同时想想你的蛋白质分离器、底缸抽水泵、钙反应器与磷酸盐反应器，它们都在消耗电能同时为水族箱增加热量。

最后还有外部条件的威胁，比如夏季高温。珊瑚礁水族箱只需要 25℃的温度，而频繁的夏季高温可能将温度提高到 30℃以上。

上图：在长时间的热浪中，冷水机必不可少。

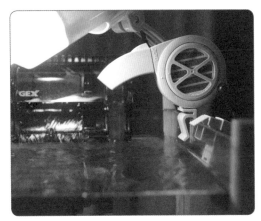

上图：利用电扇进行降温的方式经济有效。

如果发生这种情况，你必须立即采取些行动。

给你的水族箱降温

速效对策

冷却水族箱最好的方法是安装水族箱冷水机。水族箱冷水机在炎热的国家流行，它们工作就像是冰箱，使用冷却剂冷却水并排出所有多余的热量。冷水机的优点包括能控制温度的调节，通常能精确控制使误差不超过 0.5℃，所以你可以设置你的冷水机在 24.5℃时开始工作，如果能够正确估计水族箱中的水量，它可以确保温度不超过你所设定的数字。一些冷水机也可以制热从而确保能够完美地保持水体恒温。

冷水机的缺点是其价格昂贵，同时因为它们需要消耗大量的电能，所以它的运行费用也很高。冷水机需要用泵或额外的过滤器给其供水，如果将它与水族箱放置在一个房间里，冷水机散发在房间的热量将会使水族箱的温度升高，从而造成一种恶性循环，即冷水机工作时间越久，它向房间中散发的热量就越多。因此冷水机要正常工作，应置于远离主水族箱、通风良好的区域。即便如此，如果你有一水族箱昂贵的海洋生物，冷水机能够挽救水族箱内的生命，就不要在乎冷水机的缺点了。

风扇

从小型电脑风扇到大型台式风扇，任何风扇都是可以用的。只需要把凉爽的空气吹到水族箱水面，就能在保持凉爽上发挥作用。如果你在一个水族箱罩里使用小型电脑风扇，向内转动一个，把冷气吹进罩子，另一个往外面吹，将罩子内的热气吹出。

长期解决方案

如果发热和冷却水族箱成本是一个长期的问题，那么你需要评估所有安装在水族箱上的设备。如果使用热金属卤素灯，你每天能否少开几个小时，或者用 LED 灯替换它？你能不能将 2 个水泵替换成 1 个更大但效率更高的泵？你的钙反应器需要全天工作吗？

减少电的使用和热量的散发不仅会帮助到你，还可以帮助我们的地球，因为更少的能源消耗意味着这个爱好更环保。

海 盐

淡水和海水之间最根本的区别，当然是盐的存在。但是你不能用任何盐，尤其是不能使用食盐，因为它和来自海里的盐完全不同。

海洋盐水就像是一种含有所有已知元素的汤，包括一些常量元素和其他微量的元素。它不仅仅是氯化钠和水。有些元素在海水中含量很高，如钙、镁、氯、锶、钾、硼、氟和硫等，但微量元素在海水中的含量就很低。

为了保持我们的海洋生物健康，我们要么使用海水中提取、在脱盐过程中精制的盐；要么，绝大部分，我们购买合成盐混合物，这类盐在实验室条件下配制，能够完美地模仿海洋环境。盐水通常用自来水配制，自来水含有一些元素和硬度水平。但由于现在大多数爱好者使用纯化的反渗透水，选用的海盐配方要包含更多的元素来弥补这一点。

为什么要使用反渗透水

反渗透水被推荐为配置海水的基础，因为它去除了水中的一切杂质，使你能从零开始制作完美的海水。使用自来水更方便、便宜，但它含有的硝酸盐和磷酸盐会伤害无脊椎动物并阻碍珊瑚的生长。

使用去离子水也可以，据说它比反渗透水更好，因为去离子器也可以去除硅酸盐。但是，生产去离子水比生产反渗透水价格更昂贵，因此一些设备单位将反渗透作为预过滤，然后连接到去离子设备进行终极过滤，这延长了去离子设备的寿命，因为反渗透已经将水中大部分杂质在未到达去离子设备时除去了。

你应该选择哪种盐？

只要你从水族店买水族箱专用海盐，然后把它混合到合适的浓度，就没有买对或买错的盐，它们都能达到预期的效果。现在爱好珊瑚水族箱的人越来越多，许多品牌都会宣传它们不含硝酸盐或磷酸盐，这是很好的，而且它们都保证高浓度的钙和镁，这些都是

上图：现代海盐被设计成与反渗透水一起使用。

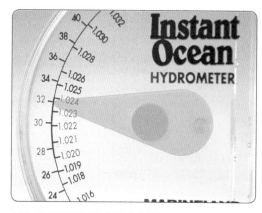

上图：比重计经常显示"安全"的盐度。

珊瑚生长所必需的物质。

　　海盐可能很贵，但是它很有必要，你应该储备一些海盐以防需要紧急换水。你可以通过购买散装大剂量的盐来节省开支，长远来看，买 25 千克一桶的盐比买 2 千克一袋或一盒的盐要实惠。

海水配制

　　令人惊讶的是配制海水竟然是令许多人对海水水族箱望而却步的原因之一，但海水配制是一件很明确、很容易做的事情，当你配制了一次，并且发现你所养的海洋生物仍然是健康的，那么你就会更有信心做这件事情了。

1 取一桶干净的反渗透水，用加热器把它加热。用温度计测量温度。当温度达到 25℃时就可以开始了。在盐与水混合时控制温度至关重要，因为液体比重计和折射仪需要在特定的温度下校准盐度，通常是在 25℃的条件下。

2 向反渗透水中加入一杯盐，要估计投入多少盐，一个简单的方法就是称重。盐度为 1.024 相当于每升水含 35 克盐，所以一桶 10 升的水你需要添加 350 克盐。

3 要让盐充分溶解，首先用你的手搅拌这些大坨的盐，然后向桶里添加一个电动头或气石。把加热器放回去，直到盐完全溶解。最好是在你需要海水的前一天配制，然后让它充分溶解一整夜。

4 用比重计或折射仪精确测量水中的盐度或比重。目标水平设为 1.024。如果太咸了，加一些纯的反渗透水。如果盐度不够，再加些盐。

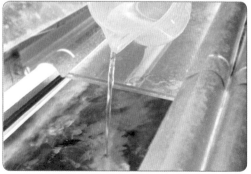

5 把水倒入水族箱。

其他海水水族箱设备

准备好建立一个海水水族箱了吗？这里有一个必要并且有用的购物清单。

必需品

- 比重计——测量水的盐度所必不可少的设备。为了更准确地测量，可使用折射仪。
- 水质检测试剂盒——用于监测主水族箱中水质的必要配置。除了主要的四项检测外，还要考虑磷酸盐、钙、镁和碱度的检测试剂盒。
- 磷酸盐去除剂——去除磷酸盐的关键物质，磷酸盐会引起讨厌的藻类，阻碍珊瑚和钙质藻类的生长。

- 盐——对于所有海水水族箱都必不可少，只能使用专用于海水水族箱的盐。
- 反渗透水——提供配制海水的无硝酸盐和无磷的基础水。自来水可能对只有海水鱼类的水族箱来说可以使用，但它不适合珊瑚礁石水族箱。
- 桶——配制海水、从水族箱中去除水、驯鱼和珊瑚都必不可少。需要为你的海水水族箱准备一个专用桶，这个桶不要用于其他任何工作（如家庭清洁等）。
- 虹吸管——从水族箱中取出水所必需的工具。它也可以连接到真空洗沙泵，可以进行原位清洁基质。
- 藻刮——在给海水水族箱除藻时必不可少，由于强光、高 pH 和碱度，藻类在海水水族箱中比淡水中生长得更快。对于顽固的钙质藻类，使用刮刀和铝制刀片；每天擦拭前玻璃，使用强力磁藻刷就足够了。

有用的物品

- 毛巾——因为对海水水族箱的爱好，可能导致家庭卫生一团糟，尤其是海水中含有盐分，水渍会更加明显。使用旧毛巾进行擦拭，可擦净任何溅出来的水渍，也可保护地板。
- 活性炭——短时间内有用的化学过滤介质。将高品质的活性炭放入过滤器或疏松的网袋中，它会吸收水里的一些有机物、染料和异味。不过，不要一直

使用它，因为它也会去除水中有用的物质。水体清澈意味着光线会更好地照射在珊瑚上。

■ 水杯——水杯可以用于补充蒸发的水和混合添加剂，也可以用计量杯精确量取添加剂量。

非必需设备

■ 钙反应器——一个复杂的工具包，在一个小隔间里通过二氧化碳降低 pH 并在此溶解钙质物质。当物质溶解时，它会释放出钙和镁，通过泵运送到主体水族箱中供珊瑚使用。别忘了，你需要一个全功能的加压 CO_2 包，正如淡水水草水族箱中一样，大部加压 CO_2 包都能安置在底缸中。钙反应器极受那些拥有大量快速增长、构建珊瑚礁、对于钙和镁有极高要求的珊瑚的水族爱好者青睐。一旦购买和安装好，其年运行成本就比液态钙补充剂要低。

■ 紫外线消毒器（UV）——不能与池塘用的紫外线净化器混淆，它们相似但紫外线消毒器使用更精细空间来杀死病原体及单细胞藻类。它通过杀死自由漂浮的病原微生物，使鱼降低得病的概率。正如前面所提到的，紫外线消毒器可以避免刺尾鱼科患海洋白点病。你需要一个电动头或外置过滤器来运行紫外线消毒器。选择适合你水族箱容量或更大规格的紫外线消毒器，紫外线灯灯管最好每 6 个

月更换 1 次。为了安全起见，当使用紫外线灯照明时，你应该避免直视灯管，因为那可能会损伤你的眼睛。当更换紫外线灯泡时，应该戴上手套或用面巾纸包着去拿灯泡，从而使你皮肤上的油脂不会接触到灯泡表面。

海水水族箱的装饰

海水水族箱里的装饰相对于淡水水族箱往往有很大区别，而且海水水族箱的装饰素材几乎都来自海洋。岩石和沙粒通常都是钙质的，这对海水水族箱的水质有益。

珊瑚砂

珊瑚砂是珊瑚礁周围常见的细小珊瑚碎屑和贝壳碎屑，随着不断风蚀，珊瑚砂越来越好，再经过水族供应商的筛选和分级后，珊瑚砂通常为 1~3 毫米的颗粒状。由于其成分含钙质，珊瑚砂对于海水水质、缓冲海水 pH、碱度和钙水平都有一定的好处。另见第 37 页。

霰石沙

霰石沙也是由非常细微的碎石和沙组成，在珊瑚礁周围常见。它与珊瑚砂看起来有点相似，但对海洋珊瑚水族箱水质缓冲方面要比珊瑚砂更好，pH 低于 8.2 时霰石沙会分解，因为是由珊瑚骨组成的，它会释放出珊瑚曾经拥有的所有元素，这将有利于水族箱里珊瑚的生长。

霰石的溶解需要时间，霰石沙底床通常每年只需要添加 1~2 次。

市面上常见明亮的奶油色或白色的霰石沙，有各种各样的粒径，从不足 1 毫米至 3 毫米。最细的霰石沙叫糖粒或鲕粒沙，这种沙拥有极大的表面积，为水体提供了最大程度的缓冲能力，形状也很好看。据说，明亮而白色的霰石沙能将照射到水族箱底床上的光线反射回来，这对喜光的珊瑚大有益处。

活石

活石是每个礁石水族箱的核心，活石就是珊瑚礁本身的一部分。活石由多孔的死珊瑚骨组成，经过长年累月的地质压缩后变得致密，钙的含量增加了。它之所以被称为"活的"岩石，是由于它是细菌的殖民地，包含外部的有氧细菌和内部的厌氧细菌。

这种生物活动对珊瑚礁水族箱有很大的好处，从理论上讲，它可以通过分解氨和亚硝酸盐，生成硝酸盐来完成完整的硝化反应，再通过活石里面的厌氧细菌分解硝酸盐来完成反硝化作用。所以它有助于水体特性的缓冲，可以对水体进行过滤，柏林系统（见第 144 页）就是利用这个特点，使用活石成为世界上应用最广泛的天然海水过滤系统的关键元素。活石也有其他的优点，因为活石不仅仅只有细菌，还有一系列的水生生物，包括大型藻类、海绵、扇虫、石灰质藻类、小甲壳类动物，还包括食腐动物、浮游生物、水螅体珊瑚，以及生活在自然礁石上的任何

其他生物。

　　这给珊瑚礁水族箱带来了巨大的好处，因为只要一块活石，就增加了珊瑚礁水族箱的生物多样性，而且在海水水族箱中，没有什么装饰能比得过成熟的活石。

　　从不同的地理区域获得的活石，其形状和大小各不相同，生活在活石上的生物的多样性、结构和密度都不尽相同。一般来说，最理想的活石是那些质轻多孔的活石，以促进硝化作用。有状态良好的珊瑚藻覆盖也很不错，但来自风暴破坏的死珊瑚也很受欢迎（称为"枝状石"或"珊瑚骨"）。将从不同地区获得的不同种活石进行组合使用，会让你的海水水族箱景观形状更丰富，孔隙更充分和更高的生物多样性。

　　另见第 156。

海岩

　　海洋岩石既可用于淡水水族箱，也可用于海水水族箱，它提供了一种即时的海洋景观。它很重，质地紧密，常用在养鱼的空水族箱里或作为基石，上面放置更昂贵、更理想的活石。它有助于水质缓冲，但霰石底质会更有效。

　　另见第 35 页

凝灰岩

　　现在不常用在海水水族箱中。凝灰岩由

于其易碎和易吸收并释放硝酸盐的特性，常被人们忽略掉，所以，它应该只用于养海鱼的空水族箱，或者根本不放。

　　另见第 35 页

人造活石

　　和真活石看起来很像，人造活石常用来丰富海洋景观，要么通过堆积起来形成岩石群组，要么被粘在特定位

置，营造出悬壁和洞穴，而这些景观通常情况下无法用真的活石来构建。

藤壶群

　　巨型藤壶群生长在海里，可以作为装饰品构建珊瑚礁，也可以给小鱼（如虾虎）和西瓜刨（鳚科鱼类的别称）提供栖息隐匿场所。藤壶对于含有硬度高的淡水水族箱来说也是安全的。

活石

对于现代礁石水族箱来说，活石必不可少。活石有非常多的优点，这已在第161进行了介绍。下面我们就更深入地对活石进行介绍，以便你在购买时，能做出更明智的选择。

活石类型

活石有几种类型。综合起来，活石基本上可以成为珊瑚礁的结构，但活石可以由不同的珊瑚骨组成、有些来自不同的海洋深度、年龄也不同、来源于世界不同的地方。这些多样性意味着活石的形状、结构、孔隙度、密度和范围将有所不同。

多年来，斐济的活石是最让人着迷的，从质量上来看，它很轻，被大量粉红色和紫色的海藻所覆盖，看起来非常迷人。印度尼西亚的活石与其相似，现在市场上出售的大部分活石都来自于印度尼西亚。

也有完全不同的活石，枝状活石（有时

被称为太平洋极枝活石）、汤加枝状活石或珊瑚骨（包括被风暴折断然后在礁石边缘收集到的鹿角珊瑚）。它的密度比斐济活石大，供细菌繁育的内表面积小，不能像其他活石一样用作过滤器，但是它奇形怪状的碎片让礁石水族箱呈现出一种天然风貌，珊瑚可以粘在上面，然后向开放的水域伸展。

人工培育的活石是由开采的石灰石或白水泥制成的人造活石，在海水中放置一段时间后，将其变成含有活的有机体和细菌的石头。人造活石比天然活石更规则和更圆，有研究报道，人造活石也可能没有天然活石所具有的多孔状结构。使用人造活石是一种更环保的选择，因为使用人造活石意味着世界剩余的天然珊瑚礁可以保留下来。

购买活石

一开始你会觉得购买活石似乎有点贵，它的价格是那些死的做基质的岩石（如凝灰岩）或海岩价格的三四倍。然而，活石带来的好处是巨大的。它甚至可以让人很容易上瘾，因为把它放入水族箱后，无数微小的生命从中孕育出来，把你那贫瘠的、月亮般的岩石堆变成一个活生生的生态系统。

你可以到当地所有的海洋水族店以了解有什么样的活石，也在网上看看。活石每公斤的价格不等，成熟度和质量也不同，例如，个体大、重量轻的斐济活石是最好的，它上面覆盖着珊瑚藻及小型的附属生物（如零散的珊瑚虫或扇虫）。一块质量很差的活石密

后用纸箱运送，这意味着它内部许多微小的水生生物在运输过程中已经死亡。这种运输方式是为了保持较轻的重量，从而降低运输费用。

不幸的是，如果你把新搬来的活石直接放进你的水族箱，里面所有的死亡生物都会污染水，造成大量污染，导致水环境不稳定。

新运来的活石通常要经过清洗、净化和再熟化过程，这叫作保存处理。保存处理通常包括将活石放置在有着强劲水流的大桶中，充分曝气，大量换水，以去除活石中的死物质，激发活物质的重新生长。大型的、工业规格的蛋白质分离器有助于去除污染物。整个过程通常需要大约 3 周，这个过程将耗费大量的成本。

如果你买下刚到达机场还未开封的包装盒里的活石，保存处理还没有完成，它会比较便宜。但是接下来的几周你必须要经过漂洗、换水和重度蛋白去除过程，以便自己完成其保存处理工作。

度很大，意味着孔隙很少和每千克价格高，并且颜色很浅，几乎是奶油色，在其表面上没有可见的生命迹象。

挑选活石要耐心，因为这将既是你的过滤器，又是你水族箱中的一道风景。如果一次买不起大批的活石，那就每周或每月购买1 块。关于你所需活石的数量，得到的建议会根据你问的人不同而有所不同，但是每 10升水放 1 千克活石是一个较好的起始指导方案。活石的数量越多越好，但要确保周围有足够强大的水流，能保证细菌工作正常。

买经过保存处理的活石，也就是说它已经成熟并且已经在一个水族箱里放了好几个星期，已经是可以立即使用的活石。

活石的保存处理

这一步通常在水族店已经帮你完成，但是如果购买没有进行保存处理的活石会节省一部分费用。当活石从海洋中取出时，干燥

海水水族箱类型

和淡水水族箱一样，海水水族箱也可以通过多种方式建造，容纳不同的物种。

海水水族箱主要有3种类型，包括只养鱼的空水族箱，含有活石只养鱼的水族箱和养珊瑚的水族箱，每种都有各自的优点。在这3种类型之间，在空间允许的情况下，应尽可能保留所有可用的海洋生物。

只养鱼的水族箱

顾名思义，一个只养鱼的海水水族箱只包含鱼，但通常还有些装饰物。这可能是初期海水水族箱的风格，作为业余爱好，早期海水鱼类一直比珊瑚的养殖要成功得多，而且由于珊瑚和无脊椎动物没有放在只养鱼的空水族箱中，通常水族箱里也会放养捕食珊瑚和无脊椎动物的鱼。

益处

在一个只有鱼类的水族箱里，鱼类就是主角，你可以最大限度地选择鱼类。另外，你只需要关心鱼类的需求，而不用担心光照和钙的水平等，所以此类水族箱需要的技术更少。

一般来说，鱼类比无脊椎动物更易养活，同时鱼类对水中的硝酸盐更耐受。

磷酸盐不会伤害鱼，所以与养珊瑚相比，这也不是需要优先考虑的事情，每单位容积的水体，饲养的鱼类比珊瑚更多，因为在只养鱼的空水族箱中，不用担心水体极低的营养水平。盐度对于只养鱼的空水族箱也不那么重要。而且如果没有无脊椎动物，就可以降低盐度，这样可以将白点病之类的海洋疾病控制到最低水平。也可以使用含铜的药物，这类药物通常会杀死所有无脊椎动物，但会更有效地消灭寄生虫。

弊端

大多数只养鱼的空水族箱中会放养诸如刺豚类、河豚类的物种，它们吃掉大量的鱼类或贝类，产生大量的污染物。这就需要强大的过滤系统和大量的换水，从而确保硝酸盐不会达到危险浓度。通常混合在只养鱼的空水族箱中的鱼类往往是具侵略性的物种（如雀鲷科和大型盖刺鱼科的种类），鱼类之间极有可能发生打斗。

虽然有些可能被归为"只养鱼的空水族箱"中可以放养的鱼类，例如，蝴蝶鱼科（有着特殊的摄食习性），可能不适合放养在只有鱼的贫瘠水族箱环境中，也不适于放在密度高且有侵略性的水族箱里。

含有活石只养鱼的水族箱

这种系统是一个更现代的只养鱼的海水水族箱。

益处

活石的加入使海水水族景观更接近自然，并为鱼类（如刺尾鱼科、蝴蝶鱼科和盖刺鱼科）提供了天然的藏身之处和饵料生物来源。活石会带来少量的大型藻类、浮游动物和海绵，这将为植食性动物补充饵料资源，并为在石头堆中搜寻食物的鱼儿提供丰富的生态环境。

弊端

活石的添加会提高整个养殖系统的价格。如果你使用外置过滤器和活石，那么后期硝酸盐含量会剧增，且换水量也将非常大。

如果大濑鱼、河豚和刺豚都养在本系统中，那么它们会用它们强有力的牙齿啃咬活石，并把美丽的粉色和紫色珊瑚藻啃食掉。所以最后会导致活石看起来很贫瘠，根本不像珊瑚礁那样色彩丰富、绚烂多彩。

珊瑚礁石水族箱

有了珊瑚礁石水族箱，你就拥有了属于自己的天然珊瑚礁的一角。

益处

你的水族箱将呈现出最为丰富的生物多样性，因为在一个珊瑚礁石水族箱里，从石头以上，所有生物都是活的。在美学方面，观察你的鱼游过珊瑚，和螃蟹、小虾、海星一起互动，是一件多么美妙的事情！这也是最好的水族箱景观之一。

弊端

珊瑚礁石水族箱通常是最昂贵的爱好，因为必须要在照明、循环、营养物去除器（即蛋白质分离器）、活石、水质检测试剂盒和生物等方面进行大量投资。珊瑚并不便宜，水族箱里饲养的生物平均起来和相关设备及水族箱加起来的价格一样高。

在珊瑚礁石水族箱里，每单位体积要饲养更少的鱼，因为你必须随时将污染控制在绝对最小值。对礁石有害名单里的物种禁止养殖，一些爱好者认为这不包括所有有特色的、有趣的物种（如河豚）。

设 缸

在你最终一头栽入海水水族箱爱好之前，你必须先接受一个事实，那就是海水水族箱是水族爱好中最有挑战性的领域，并且你有责任为你饲养的海洋生物提供最好的条件，因为大多数生物都是从天然海域获得的，其唯一目的就是为了让我们愉悦地欣赏到海洋生物。

这也可能是最昂贵的爱好之一，而且它很费时间，所以如果你不能投入足够的时间，做充足的研究同时花费足够的金钱，那就不要玩海水水族箱。

让我们再来看看热带海洋环境，在这方面你了解得越多，你就越容易去复制海洋生态环境，从而满足在海水水族箱里栖息的生物的需要。

珊瑚礁只存在于地球上某些区域，并且只存在于某些环境严苛的地区。它们生存的关键要求是几乎每天都能被明亮的热带阳光照耀。礁石上的珊瑚甚至学会通过大量附着的光合藻类，利用阳光来作为额外的饵料

珊瑚需要什么
■ 光
■ 流动的水
■ 含量低的营养盐
■ 稳定的水环境
■ 食物

资源。

阳光对珊瑚如此重要的另一个原因是因为它也需要透明清洁的水质。珊瑚不会存在于任何混浊的水域，因为没有阳光的穿透，意味着珊瑚没有食物来源。

最后，珊瑚生存在有着强劲水流的地区。流动的水为珊瑚带来了浮游动物作为饵料，同时将其产生的污染物冲走。一片繁荣的珊瑚礁周围水中营养盐含量总是非常低的，而且全年水质都很稳定。

珊瑚构成了礁石的结构，礁石反过来也为珊瑚礁鱼类提供了饵料和栖息场所，构建了一个完整的生态系统。

创造海洋环境

要将珊瑚的需要、鱼类的需要（与珊瑚需求相类似，只不过对光照需求偏少）牢记在心。现在你可以继续完成你的海水水族箱设缸过程了。

光

模拟日光的明亮光照需要 T5 荧光灯、金属卤素灯或混合 LED 灯，这些灯都处在海洋生物需光光谱范围内。另外光照时间也

很重要，每天光照 10 小时为宜。

强劲的水流

这很容易通过动力头或水泵实现。流量以平均每小时 20 次的周转率较好，所以用 20 乘以水族箱的容积即为你需要的动力头或水泵的规格（对于一个 200 升的水族箱来说，需要流量为 4000 升 / 小时）。

低营养水平

这和前两项要求一样重要，要长期保持低营养水平更困难。当我们提到海洋环境中的营养水平时，所指的就是硝酸盐和磷酸盐含量，这两类营养盐是从过滤后的鱼类污染物和鱼类食物中积累起来，这些营养盐含量需要尽可能保持接近于 0。

活石会产生一定量的营养物质，但它也可以处理氨和亚硝酸盐，而换水会去除硝酸盐。蛋白质过滤器可以帮助去除所有的营养物质，而底缸（保存缸）可以去除硝酸盐和磷酸盐，尽管这个去除过程非常缓慢。磷酸盐对鱼类没有任何影响，但却对珊瑚有害，所以应该采用化学方法，如用树脂来除去磷酸盐。

稳定的水环境

稳定的水环境意味着恒定的温度、稳定的盐度和稳定的低营养水平。高温会杀死珊瑚和其他无脊椎动物，并给水族箱里所有生物都带来威胁。造成高温的原因最有可能是明亮的光照，所以要计算两者之间的平衡，比如，使用最明亮的金属卤素灯照明，就必须要在风扇上花费心思，或者买昂贵的冷水机。冷水机应该是一个必不可少的仪器，但其价格昂贵，同时运行费用高且不环保。然而，必须要首先满足海洋生物生存要求的稳定水温。

明亮的光线和温暖的水环境会导致水分的蒸发，每星期蒸发 25 升水是正常的现象。蒸发的淡水会导致水族箱中盐含量的增加，从而再次给水族箱中生物造成应激和水质不稳定。准备好定期补水，某些情况下每天都要补水，或者安装一个自动补水设备，这能保持水族箱中低水平的营养。

食物

就算你拥有最好的水流量、最好的光照和最纯净的水，但是如果没有食物，你的珊瑚仍然会挨饿。

在过去的十年间，正确地喂养方法在珊瑚养殖中一直是一个主要的突破方向。珊瑚有两个摄食途径：通过它体内的共生藻类和利用它的息肉捕捉漂过的饵料。它们的饵料范围包括从小型的浮游植物到较大的浮游动物。这两种都可以从水族店那里买到。

至于海水鱼类，珊瑚礁环境是自然界物种分化最好的例子之一。珊瑚礁中潜在饵料资源的丰富程度因鱼的种类而有所不同，从捕食同类或水藻，珊瑚甚至会以其他鱼身上的寄生虫为食，鱼类都会在珊瑚礁里找到食物。珊瑚礁上的特化摄食者比其竞争者有着更多优势，因为它们能摄食其他鱼类不能食用的食物。在珊瑚礁石水族箱中可以专门放入特化食性的鱼类，但是也可能会因为有限的饲养空间和天然饵料的供应不足而出现问题。

对你有能力购买的所有海洋生物的摄食需求进行调研，以避免买到一些你没有能力饲养的特化食性的鱼类。比如你要保持水族箱里的鱼类健康无病，那么起清洁作用的濑鱼将会没有食物可吃。但是如果水族箱中养殖的是侏儒神仙鱼，它能够食用肉类、植物甚至是人工饲料，你会发现这种鱼很好养。

小结

希望通过以上的介绍能让你了解如何设立一个海水水族箱，并且知道每天都需要做什么。一开始就买合适的设备，即使这些设备在当时看来很贵，但从长远来看，这会让你维持这个水族箱的正常运转事半功倍。海洋转化策略，就是将淡水水族箱设备转化为海水水族箱设备，就光照亮度、营养盐的控制程度及所使用的设备方面，往往出现一些折中的情况，但这些是不应该节俭的地方。

尽管海洋转化策略会让一些人从现有的淡水养殖爱好转化为海水养殖，如果你有一个配备完整的淡水养殖系统，然后你通过升级照明设备和过滤系统，甚至是为了配合额外的装置而在水族箱罩子上动用钢锯，但你必须要问问你自己，做这些是否有意义，事实上，节约不是简单地仅仅将钱花费在海水水族箱迫切需要的地方。

最好的海水水族箱是那些经过妥善规划，然后安装了已被证明可以很好地完成预期工作的设备的水族箱。

纳米海水水族箱

无论是淡水水族箱还是海水水族箱的爱好者，都没有纳米水族箱市场增长迅速。纳米水族箱或小型水族箱，本身并不新鲜，因为我们一直都拥有它们。金鱼水族箱甚至可以被认为是原始的纳米环境。但是最大的变化是我们如何改变它们，以及它们可以用来做什么。

一个纳米海水水族箱现在可以配备一个纳米灯、一个纳米蛋白质分离器、一个纳米循环泵，甚至是纳米鱼，它们能完美地完成工作，复制了传统的礁石水族箱。它们占用的空间更少，设缸和运行费用更低，因为它们使用的东西更少，饲养的生物也会便宜些。

然而，在你着急出去买纳米水族箱之前，你要了解它们确实有局限性。回想一下珊瑚礁生物的需求，对于纳米水族箱来说，水质稳定是一个很大的限制因素，因为它们升温和降温更迅速。营养盐可以通过大量定期换水来有效控制，但小水族箱也会更快地被污染。考虑一下你要选择的生物。尽管商店里有各种各样的海鱼，但你能够选择的鱼受到水族箱尺寸的限制。在纳米水族箱里不能养任何超过 5 厘米的鱼，而且你的鱼数量越多，污染就越快。有些珊瑚甚至因为太大而无法放置在纳米水族箱里。因此，问问自己，尽管纳米水族箱更便宜、更方便，但它能够为你创造一个令人叹为观止、生机勃勃的海洋景观吗？

纳米海水水族箱肯定有它们的特色，但它们缺少大型礁石水族箱令人惊叹的元素。

珊瑚礁石水族箱的设缸步骤

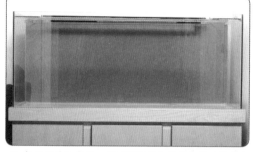

1 空水族箱和底柜。尽可能选择大的水族箱，因为大水族箱中水体更稳定（这对海洋生物来说尤为重要）。同时大水族箱意味着有更多的空间给珊瑚，方便进行水族造景，以及留给水族箱里美丽的物种足够的活动空间，比如刺尾鱼科的种类。

2 安装加热棒和水泵。目的在提高水族箱内水体的循环率。如果你要养殖软珊瑚，每小时水的循环量至少要达到10倍水族箱内水容量；硬珊瑚则每小时水的循环量至少要达到20倍。在本图所示的特定情况下，加热棒和水泵也可以用来搅拌盐类，有助于其溶解。

3 从最开始就要用没有硝酸盐和磷酸盐的去离子水把水族箱灌满，打开水泵和加热棒，开始加热、循环水族箱里的水，直到水温达到24℃，再进行下一步。

4 把海盐倒入水族箱中，让水泵带动水流循环起来，直到海盐溶解。装盐的盒子或桶上会告诉你这些盐可以配成多少海水。因此买足够的盐，然后用的时候先加入少于所需总量的盐，再慢慢地往里加直到得到所需的准确读数。

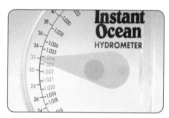

5 用比重计测量水体盐度。如图所示的这个型号显示有一个红色的安全范围，在24℃时比重计进行校正，读取盐度。如果水太咸，则倒掉一些水后再添加干净的水。如果不够咸，则再加一点盐，等待它完全溶解，然后再读数。

6 添加一些做基底的岩石（基岩，可选）建成活石堆，开始构建珊瑚礁。这种看起来就像石化的意大利通心面一样的凝灰岩，和活石一样疏松多孔，和海洋生物放在一起很安全。这样做是因为做基底的岩石每千克价格比活石便宜得多，并且会被上面添加的活石隐藏起来。

7 在水族箱里加入活石，放在基岩顶上。把它小心地靠在水族箱后面的玻璃上，建造稳固的石堆，这里很快就能构成珊瑚生长的平台。在底部使用大块活石，小块就放在上面。最后摇一摇确保这个石堆很结实，不会倒塌。

8 如果你用的是柏林系统（活石，强劲水流和蛋白质分离器）来过滤，蛋白质分离器应该在下一步加入。这种背挂式蛋白质分离器功能强大、运行非常方便。蛋白质分离器每天 24 小时都要运行，并且定期清洁收集杯。

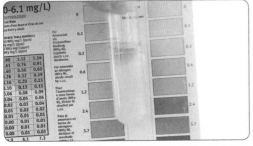

9 一旦活石放置就位，熟化过程就开始了。即使是经过保存处理的活石，也可能会残留一些氨氮和磷酸盐，使用蛋白质分离器可用来去除这些浸出的污染物。在开始的几周里每天都要检测水质，检查氨氮和亚硝酸盐的量。只要能检出这两种化合物就不能加入鱼。

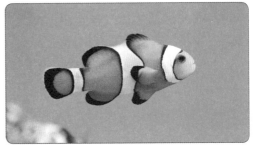

10 一旦水族箱成熟，就可以放入第一批鱼。顽强的小丑鱼可以作为试缸鱼。接下来的几周内，再次检测水中的氨氮和亚硝酸盐的情况，如果其含量为 0，就可以添加其他鱼了。尽量少喂食，以免水族箱较早出现污染物。

11 在水环境保持比较长时间的稳定情况下，可以添加无脊椎动物（如寄居蟹、蜗牛和顽强的软珊瑚种类）。当珊瑚放进去之后，应该把去除磷酸盐的树脂加进去，尽可能地保持磷酸盐处在较低的水平。

12 成品水族箱里生机勃勃，随着时间的推移，越来越展现出了天然珊瑚礁错综繁荣的景观。在接下来的几周或几个月里，越来越多的鱼儿和珊瑚会被添加到水族箱里。

购买海水鱼类

购买正确的海水鱼类远比你想象中要复杂。不同于淡水鱼，海水鱼都需要相同的水质参数和盐度，最大的困难就是它们的相容性。

选择

海水鱼类可供选择的种类众多，观赏性高。当你在水族店看到众多的海水鱼类饲养在同一水族箱中，是如此的绚烂多彩，令人叹为观止。但接下来选择合适的鱼将是令人崩溃的事情。如果选择正确，几年中你都将拥有一水族箱五彩斑斓、姿态悠然、令人心情愉悦的鱼儿。如果选择错了，你想在客厅拥有平静的珊瑚礁景观的梦想将成泡影。

珊瑚礁石水族箱或只养鱼的水族箱

热带海水鱼类可以分为两类。一类能和珊瑚、虾等可移动无脊椎动物和睦相处；而另一类则会吃掉它们。当水族箱成熟后方可思考买的第一种鱼是什么，因此在去水族店之前就应该有一个明确的想法——你要买珊瑚礁鱼还是单养鱼。

做了决定后，就会使可选择的鱼品种减半，对于珊瑚礁石水族箱来说，蝴蝶鱼、刺豚和大型濑鱼都将被排除在外。而对于那种缺少装饰、只养鱼的水族箱来说，一般不会放养小型珊瑚礁共生鱼。通常一个称职的零售商都会有一套标记体系，可以区别哪些鱼适合珊瑚礁水族箱，哪些鱼适合只养鱼的水族箱，有时候这两种类型的鱼会和其同类放在一个水族箱里，甚至放在不同的水族箱系统中。

调研

买鱼之前先确定你想养的种类，你可以在第182~191页中查看市面上常见的海水鱼。由于海洋世界的神秘多彩和丰富多样的物种，可能会出现你从未见过的鱼种，甚至对专家来说也是这样。但要记住，如果一种鱼没有在鱼类档案中列出，那它必然不是"普通"的鱼。至于不列出的原因，也许是它不能在被囚禁的环境中存活，或是分布在很偏僻的地方，或是具有攻击性。从没听说过的鱼很难和礁石完美共存。所以，不要买你完全不了解的鱼，不然可能会出很大的问题。

向店员说出你的想法

一旦你知道你想要什么鱼了，找到专业的水族店的员工，告诉他们你最近新建了水族箱，并告诉他们水族箱的尺寸、设备等详细信息，并说明是打算做珊瑚礁水族箱还是只养鱼的水族箱，最后再告诉他们你想养什么鱼。

一个好的售货员应该根据你的描述和你水族箱内水的检测结果告诉你选择的鱼是否

现为覆盖在鱼体上的小白点。这种病具有高度传染性，可致命，而且很难从珊瑚礁中根除。这里再强调一次，不要买鱼体上哪怕只有一个小白点的鱼。参考第 126 页内容。

铜剂

　　液态铜经常用来治疗海水鱼类疾病且治疗效果很好，因为它能杀灭海水鱼类身上的寄生虫，这些寄生虫事实上是一些微小的无脊椎动物。铜剂会将海水水族箱里的寄生虫还有大型无脊椎动物（如珊瑚）全部消灭干净。

　　询问水族店店员，他们是否有可以杀灭寄生虫的铜剂。如果你的水族箱里只有鱼，而没有活石，用铜剂没有问题，可以避免鱼儿感染寄生虫。但如果你把铜剂放到珊瑚礁石水族箱里，那就是致命的。所以在买鱼之前一定要确认并告诉水族店店员你的水族箱是否为珊瑚礁石水族箱。

适合你的水族箱，和你选的其他鱼是否能长期和平共处，以及每种鱼添加的顺序。所有 6 个月以内的珊瑚礁水族箱都应该当成新水族箱，需要谨慎地添加鱼。在这段时间里，你应该选择更适应生存的种类，而不是难以存活的种类。一个好水族店的标志是他们拥有好的员工，他们会向你推荐人工繁殖的小丑鱼而不是剥皮羊（又称楔尾蓝粗皮鲷）。

确定鱼儿健康

　　如果你之前没有养过鱼，就会非常困难。但如果你有养淡水鱼的经验，那么选鱼就简单得多，绝大多数的海水鱼都应该在中层水域活泼地游泳，除了那些生活在水底的种类。它们应该有明亮的眼睛，挺拔的鱼鳍，以及清晰明朗的体色。

　　有两个大问题需要注意，其一，鱼必须能摄食；其二，鱼身体没有任何海洋白点病的痕迹。在你买下鱼之前让工作人员展示它的摄食。这对于不挑食的人工繁育的小丑鱼来说并不重要，但对于直接来自自然水域中的蝴蝶鱼和蓑鲉来说非常重要，因为这些鱼仍然处于极度惊恐之中，还无法摄食任何食物。任何无法在你面前摄食的鱼类都不应购买，直到它们稳定下来，且易于接受海洋食物时，你才能将它们带回家。

　　淡水鱼的白点病和海水鱼的白点病都表

放 鱼

如果你只买几条鱼，一般就是将它们装在塑料袋里，外面套棕色的纸袋，之后放在手提袋中带回家。如果是较大的鱼或数量较多时，就应使用塑料袋装在密封的聚苯乙烯盒子里将它们带回家。

适应新环境

海洋生物对环境变化很敏感，所以要尽可能地让它们平顺地进入你的水族箱。在76页介绍了适合淡水鱼的滴灌法和更常见的浮袋法。而滴灌法对于需要缓慢而无缝适应的海洋动物和无脊椎动物来说，是迄今为止最好的方法。

滴灌法的步骤

1 首先找一个干净带盖子的水桶。在桶盖上钻一个直径12~25毫米的小孔，将充气管从这个小孔伸入到水桶里，这样便于空气传输。

为什么滴灌法更有利于驯化海洋生物

- 缓慢的适应新环境，让鱼儿在放入水族箱时不会受到应激
- 水环境和盐水平会缓慢地混合
- 驯鱼的过程远离主水族箱，所以一旦将鱼儿放入主水族箱，鱼儿就只需要关注在建立新的栖息地上
- 运输鱼儿袋子里的所有水都可以被丢弃，而不会给主水族箱带来污染的风险
- 如果是用网将鱼儿捞起放入主水族箱，那么即使水族店使用了带铜剂的水，也不会被带入到你的主水族箱中，从而大大降低了主水族箱铜中毒的风险

2 打开装鱼的袋子，然后将鱼放到小桶底部。由于袋子里的水量不多，可能不足以在桶里覆盖很深，但只要水能淹过鱼背就可以了。如果有几条鱼是从同一家店里买来的，并且之前在同样的水族箱系统里，那么它们可以同时加入到同一只桶里进行环境适应。如果鱼类来自不同的水体，那就应该先用几个桶将它们分开驯养，或者一条一条地进行驯养。

3 之后需要一些充气管，就是连接气泵和气石的塑料管，所有的水族店都有卖的。从水族箱顶部连到地上的水桶，这大概需要2米，同时还要买1个空气控制阀。

4 剪下空气管并连接控制阀，这样你就可以控制从水族箱到水桶的水流量。

5 将气管的一端放到水族箱里，然后用磁藻刷或者气管夹子和橡胶吸盘来固定它，这样就可以挂在水族箱上不至于掉下来了。

6 把管子用嘴吸一下，开始采用虹吸的方式把水族箱里的水吸到桶里。如果那个桶有一个带孔的弹簧盖，那么水管就从那里放下去，同时盖子还可以防止鱼从桶里跳出来。

7 慢慢调整控制阀，将水流速从细流降到每秒1滴。

8 0.5~1小时后，水桶里的水就由原来的100%是水族店的水变为90%是水族箱里的水。

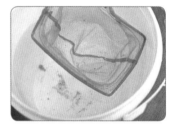

9 用捞子把鱼捞到水族箱里，每次加入新的鱼后都要把灯关掉1小时。

10 倒掉水桶里的水，因为水里会有运输鱼的水所残留下的污染物。

11 把主水族箱里的水加满，重新打开灯光，如果能选的话，先开启蓝色的光化光，然后观察刚加进去的鱼儿。许多海水鱼类会在出来活动之前隐藏好几天。

海水鱼图鉴

黄带短虾虎鱼

学　　名　*brachygobius xanthozonus*

起　　源　爪哇岛、苏门答腊、婆罗洲

大　　小　4 厘米

水族箱大小　30 厘米

水族箱类型　小型鱼微咸水混养水族箱，单一物种混养

水　　质　25~30℃，pH 8.2，盐度 1.005~1.010

饲养难度　中等

游泳水层　底层

喂　　食　微型的活饵料和冰冻饵料，几乎不接受干饲料

繁　　殖　已经在水族箱繁殖，但是性别差异未知，雌性产沉性卵

特殊要求　咸水，小的活饵料

备注：黄带短虾虎鱼经常在水族店售卖，但很少有真正适合它们的水族箱。它们需要一个安静的小型水族箱，有大量的装饰、隐蔽处和微咸水。摄食桡足类、卤虫、水丝蚓和枝角类。

黄鳍鲳

学　　名　*monodactylus arqenteus*

起　　源　印度洋~西太平洋

大　　小　27 厘米

水族箱大小　180 厘米

水族箱类型　大型海水鱼类混养水族箱或全海水鱼水族箱

水　　质　24~28℃，pH 8.2，盐度 1.005~1.024

饲养难度　中等

游泳水层　中层

喂　　食　片状饲料，冰冻或活饵料，海洋饵料

繁　　殖　未在水族箱繁殖过。性别差异未知，雌性产漂浮性卵

特殊要求　大型水族箱，咸水

备注：黄鳍鲳有着高高的体型和延伸的鳍条，看起来就像是海洋版的神仙鱼，几乎没有人会意识到它们到底有多大，很少有能容纳一大群的水族箱。通常在大型公共水族馆中进行展示，性情温和。

金钱鱼（又称金鼓）

学　　名　*scatophagus spp*

起　　源　印度洋~太平洋

大　　小　30 厘米

水族箱大小　180 厘米以上

水族箱类型　大型海水鱼混养水族箱

水　　　质　20~28℃，pH 8.2，盐度 1.005~1.024.

饲 养 难 度　中等

游 泳 水 层　所有水层

喂　　　食　干饲料，冰冻或活饵料，蔬菜

繁　　　殖　未在水族箱繁殖过。性别差异未知，雌性产漂浮性卵

特 殊 要 求　大型水族箱，各类饵料，咸水

备注： 金钱鱼为寿命长、体型大而高的海水鱼，均为集群摄食者。为了持续生长，幼鱼需要经常摄食。 由于它们尺寸大，不能长期饲养，但有些种类的幼鱼色彩非常诱人。 是黄鳍鲳和射水鱼的完美搭档。

射水鱼

学　　　名　*toxotes jaculatrix*

起　　　源　从印度洋到北澳大利亚沿海的地区

大　　　小　长达 30 厘米

水 族 箱 大 小　180 厘米

水 族 箱 类 型　大型海水鱼混养水族箱

水　　　质　25~30℃，pH 8.2，盐度 1.005~1.024

饲 养 难 度　中等

游 泳 水 层　顶层

喂　　　食　昆虫，冰冻或活饵料，肉类食物棒

繁　　　殖　未在水族箱繁殖过。性别差异未知，雌性产漂浮性卵

特 殊 要 求　咸水，大型水族箱，悬垂植物，昆虫

备注： 射水鱼以其从头顶枝条中击落昆虫的能力而闻名世界。它从嘴中喷射出一股水柱，水柱以飞快的速度射中昆虫，水珠落回水里以后，水中就多了一具小蚊虫的尸体。它甚至能计算水的折射角。也可以跳跃捕食靠近水表面的猎物。在大型咸水水族箱中放养一群射水鱼，理想情况下在水族箱的上部装饰一些悬浮素材，来刺激它们射水。

印度点虾虎鱼（又称珍珠雷达，花骑士）

学　　　名　*stigmatogobius sadanundio*

起　　　源　印度、斯里兰卡、新加坡、印度尼西亚

大　　　小　7.5 厘米

水 族 箱 大 小　90 厘米

水 族 箱 类 型　中型海水鱼混养水族箱

水　　　质　22~26℃，pH 8.2，盐度 1.005~1.010

饲 养 难 度　中等

游 泳 水 层　顶层

喂　　　食　冰冻或活饵料，某些干饲料

繁　　　殖　不能在水族箱繁殖。雄性较大，背鳍细长； 雌性短而丰满

特 殊 要 求　咸水

备注： 印度点虾虎鱼很帅气，但在水族店里经常处于糟糕的状态。 饲养在装饰精美的海水水族箱中，配有沙质底质和大量小肉类食物。因其会吃小鱼，所以要小心。

蓝绿光鳃雀鲷

学 名	*chromis viridis*	
起 源	印度洋～太平洋	
大 小	7.5 厘米	
水族箱大小	100 厘米	
水族箱类型	珊瑚礁水族箱或只养鱼的水族箱	
养殖难度	简单	
游泳水层	上层	
喂 食	片状饲料，糠虾幼体，磷虾和丰年虫	
繁 殖	没有进行商业化繁殖，雌鱼水族箱里产卵都是偶然行为	
特殊要求	群养	

备注： 蓝绿光鳃雀鲷是雀鲷科中非常温和的种类，是最适合礁石水族箱的鱼类之一。它们从来不触碰珊瑚或无脊椎动物，且不断游动。需要成群饲养，5 条或以上为一群，由于它们很活泼，也就意味着它们需要一个宽阔的大型水族箱。

眼斑海葵鱼（又称小丑鱼、眼斑双锯鱼）

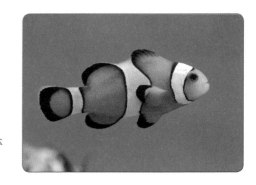

学 名	*amphiprion ocellaris*
起 源	印度洋～西太平洋
大 小	10 厘米
水族箱大小	60 厘米
水族箱类型	珊瑚礁水族箱或只养鱼的水族箱
养殖难度	中等
游泳水层	中层
喂 食	海洋片状饲料，冰冻丰年虫，磷虾和糠虾幼体
繁 殖	可以在水族箱中繁殖，但因为缺乏食物或被过滤器吸进管道，导致死亡，鱼苗很难养活
特殊要求	野生小丑鱼应该与其共生的海葵一起生活

备注： 新手因为迪士尼电影中的尼莫而认识这种鱼。小丑鱼是一种温和的雀鲷科鱼类，需要成对饲养在礁石水族箱中，天然条件下，它生活在海葵中间。人工环境中，人工繁育的小丑鱼不需要海葵，但是在入缸的几周或几个月里，它们需要海葵。人工繁育的小丑鱼被认为是海水水族箱中最好养的物种之一，但在无盖的水族箱中，它们喜欢跳出水族箱外。公子小丑是与其很相似的物种。

皇家丝鲈（又称紫天堂、线鮨、鬼王）

学 名	*gramma loreto*
起 源	大西洋西中部
大 小	7 厘米
水族箱大小	60 厘米
水族箱类型	珊瑚礁水族箱

养 殖 难 度　中等

游 泳 水 层　中层

喂　　　食　冰冻丰年虫，糠虾幼体，磷虾和浮游动物

繁　　　殖　人工环境中不能繁殖

特 殊 要 求　生活在洞穴里

备注： 皇家丝鲈是准雀鲷科的鱼类，体色惊人地丰富多彩，结合其对礁石无害的特性以及小体型，它们在珊瑚礁石水族箱中非常受欢迎。它们是穴居者，需要在活石中有一个隐蔽场所，来让它们感到安全。一旦它们占据驻地，就会为了保卫栖息领域而与其他小型珊瑚礁鱼类做斗争。

考氏鳍竺鲷（又称巴厘岛天使，泗水玫瑰，珍珠飞燕）

学　　　名　*pterapogon kauderni*

分　　　布　西中部太平洋、邦盖群岛

大　　　小　8 厘米

水 族 箱 大 小　100 厘米

水 族 箱 类 型　珊瑚礁水族箱

养 殖 难 度　中等

游 泳 水 层　中层

喂　　　食　冰冻磷虾和糠虾幼体

繁　　　殖　可以在水族箱里繁殖。雄性口孵，鱼苗较大，当发生争斗时，相对比较好照看。如果一群鱼苗放入没有捕食者且装饰完好的水族箱里，大量鱼苗可能会存活下来

特 殊 要 求　无

备注： 考氏鳍竺鲷是最漂亮的珊瑚礁鱼类之一，但令人悲伤的是，它们野生种群数量有限，由于过度的水产贸易，野生种群已经处于过度捕捞的危险中。因此，你只能买人工繁育的品种，这一点非常重要。很多公立水族馆都在进行人工繁育的项目。

黄高鳍粗皮鲷（又称三角倒吊）

学　　　名　*zebrasoma flavescens*

分　　　布　太平洋、夏威夷

大　　　小　15 厘米

水 族 箱 大 小　120 厘米

水 族 箱 类 型　珊瑚礁水族箱

养 殖 难 度　中等

游 泳 水 层　所有水层

喂　　　食　海藻，紫菜，冰冻丰年虫，糠虾幼体，剑水蚤和磷虾

繁　　　殖　还没有在水族箱内繁殖过，也没有进行商业化繁殖

特 殊 要 求　需要活石，以提供进食和游泳空间

备注： 黄高鳍粗皮鲷是刺尾鱼科的鱼类，明亮动人，是非常受欢迎的珊瑚礁鱼类之一。它们很活跃，承担着重要的作用，因为它们从活石上啃食藻类。是刺尾鱼科中最温和种类之一，最易于饲养的种类之一。应单独饲养在不到 150 厘米长的水族箱里，如果是群养，则应养在大型水族箱里以展示其令人惊叹的色彩和外形。

楔尾蓝粗皮鲷（又称剥皮羊）

学 名	*paracanthurus hepatus*
分 布	印度洋
大 小	20 厘米
水族箱大小	120 厘米
水族箱类型	珊瑚礁水族箱
养 殖 难 度	中等
游 泳 水 层	所有水层
喂 食	海藻，冰冻的海洋食物
繁 殖	还没有在水族箱繁殖过，也没有进行商业性繁殖，群体集体性产散布卵
特 殊 要 求	需要经过一个检疫期，通常在礁石环境中进行常规摄食，需要充足的游泳空间

备注： 楔尾蓝粗皮鲷有着深蓝的体色、游泳活泼，在珊瑚礁石水族箱中令人惊叹。它们应该单独饲养在 120 厘米的水族箱里，但如果群养，就要饲养在更大的水族箱中。但是不幸的是，楔尾蓝粗皮鲷很容易感染白点病，特别是小鱼，因此在放入主水族箱之前，需要经过一个检疫期，并且在水族箱中安装一个 UV 消毒器，以作为额外的防护。

蓝刻齿雀鲷（又称蓝魔）

学 名	*chrysiptera cyanea*
分 布	印度洋～西太平洋
大 小	7.5 厘米
水族箱大小	90 厘米
水族箱类型	珊瑚礁水族箱，或是有活石的只养鱼的水族箱
养 殖 难 度	简单
游 泳 水 层	所有水层
喂 食	海洋片状食物，冰冻海洋食物
繁 殖	可能会在水族箱中产卵，但是极少人工养成或进行商业化繁育。成对产卵，定点产卵类型。
特 殊 要 求	需要和强壮的鱼类混养。

备注： 蓝刻齿雀鲷便宜，适应性强，色彩斑斓。它们对所有的无脊椎动物和珊瑚无害，甚至所需空间很小，这应该是使它们成为完美的珊瑚礁鱼类的原因。唯一的问题——也是一个相当大的问题——就是它们在被放入水族箱后不久就变得具有领地意识和攻击性。这可能会使更小、更敏感的珊瑚礁鱼类生活困难。因此它们应该被远离大多数珊瑚礁鱼群之外，或者和一大群大型、强壮的鱼类一起养在大型水族箱中。

蓝灯虾虎（又称霓虹虾虎、蓝条虾虎）

学　　　名	*elactinus oceanops*
分　　　布	大西洋西中部
大　　　小	5 厘米
水族箱大小	60 厘米
水族箱类型	珊瑚礁水族箱
养 殖 难 度	中等
游 泳 水 层	底层
喂　　　食	小型冰冻食物，浮游动物
繁　　　殖	可以在水族箱中繁殖和已经商业化繁殖。成对产卵，定点产卵类型
特 殊 要 求	需要在珊瑚之中隐匿栖息

备注：蓝灯虾虎是有趣的小型珊瑚礁鱼类，也适合纳米水族箱。它们易于饲养和繁殖，所以很适合作为可持续发展、对礁石低影响的种类进行培育。它们还可以担任清洁鱼的作用，其工作方式就像为大型鱼进行清洁的隆头鱼一样。

黄虾虎

学　　　名	*gobiosoma okinawae*
分　　　布	西太平洋、日本
大　　　小	3.5 厘米
水族箱大小	40 厘米及以上
水族箱类型	珊瑚礁水族箱，纳米礁石水族箱
养 殖 难 度	中等
游 泳 水 层	底层
喂　　　食	小型冰冻食物，浮游动物
繁　　　殖	可以在水族箱中繁殖和已经商业化繁殖。成对产卵，定点产卵类型
特 殊 要 求	珊瑚礁环境，混养无领地意识的鱼类

备注：这些小虾虎体色绚烂多彩，适合在标准尺寸的水族箱，也适合在纳米礁石水族箱中饲养。天然环境中栖息在珊瑚里，这种特性也需要被复制在水族箱里。因此要在水族箱里养珊瑚，不能与大型的、暴躁的或者以珊瑚礁为领地的鱼类共养。保持水族箱温度低于 25℃，因为它们不能忍耐高温。

绿小丑虾虎

学　　　名	*gobiodon histrio*
分　　　布	印度洋～西太平洋
大　　　小	3.5 厘米
水族箱大小	40 厘米及以上
水族箱类型	珊瑚礁水族箱，纳米礁石水族箱
养 殖 难 度	中等
游 泳 水 层	底层

喂　　食　小型冰冻食物，浮游动物

繁　　殖　可以在水族箱中繁殖和已经商业化繁殖。成对产卵，定点产卵类型

特 殊 要 求　珊瑚礁环境，温和的混养鱼类

备注：绿小丑虾虎是很好的珊瑚礁石水族箱养殖鱼类，其性情温和，而且可能繁殖。天然环境中栖息在珊瑚枝条上，易于养殖。不要和性情暴躁或者有领域意识的瑚礁鱼类混养。

六带拟唇鱼（又称六线狐、六线龙）

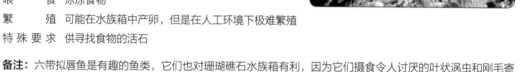

学　　名　*pseudocheilinus hexataenia*

分　　布　印度洋～太平洋

大　　小　7.5 厘米

水族箱大小　60 厘米及以上

水族箱类型　珊瑚礁水族箱

养 殖 难 度　中等

游 泳 水 层　所有水层

喂　　食　冰冻食物

繁　　殖　可能在水族箱中产卵，但是在人工环境下极难繁殖

特 殊 要 求　供寻找食物的活石

备注：六带拟唇鱼是有趣的鱼类，它们也对珊瑚礁石水族箱有利，因为它们摄食令人讨厌的叶状涡虫和刚毛寄生虫。它们不停地移动，在活石中搜寻食物，但是不要把其他的濑鱼引进它们的领地。

花斑连鳍（又称七彩麒麟、绿麒麟、五彩青蛙、皇冠青蛙、青蛙鱼）

学　　名　*synchiropus splendidus*

分　　布　西太平洋

大　　小　7.5 厘米

水族箱大小　90 厘米

水族箱类型　成熟的珊瑚礁水族箱

养 殖 难 度　困难

游 泳 水 层　底层

喂　　食　活的海洋食物，浮游动物，桡足类，某些冰冻食物

繁　　殖　已经实现了水族箱繁育，也可以进行小量的商业繁殖

特 殊 要 求　有丰富活饵料的成熟珊瑚礁石水族箱。

备注：花斑连鳍在形状和花纹都无与伦比，是非常受欢迎的珊瑚礁鱼类。但在水族箱中，由于长期的饥饿，花斑连鳍大多会死亡。它们需要有大量的、铺设广阔的底沙和碎石，以供其食物桡足类和端足类生存。常规的礁石水族箱不能提供足够的活饵来供养花斑连鳍，而其他更具竞争力的鱼类会在花斑连鳍摄食食物之前捕获这里的活饵。对于该鱼，任何少于一年的养殖都应该被认为是养殖失败的。

双棘刺尻鱼（又称双棘棘蝶鱼，俗名琉璃神仙、蓝闪电神仙、珊瑚美人）

学　　　名	centropyge bispinosa
分　　　布	印度洋～太平洋
大　　　小	10 厘米
水 族 箱 大 小	90 厘米
水 族 箱 类 型	珊瑚礁水族箱
养 殖 难 度	中等
游 泳 水 层	所有水层
喂　　　食	海藻，薄片食物，冰冻食物
繁　　　殖	还没有实现在水族箱里繁殖或商业繁殖
特 殊 要 求	活石，以供其找寻食物

备注： 双棘刺尻鱼是可爱的小盖刺鱼，也是最不可能骚扰管虫和蛤的鱼类之一。它们在成熟的珊瑚水族箱中表现最佳，在那里它们以活石上的植物和小动物为食。只有在很大的水族箱中，它们可以成对饲养或与其他的小型盖刺鱼混养。否则，水族箱中应该只能养这种盖刺鱼。

胄刺尻鱼（又称火焰神仙、喷火神仙）

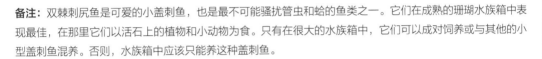

学　　　名	centropyge loricula
分　　　布	太平洋
大　　　小	10 厘米
水 族 箱 大 小	90 厘米
水 族 箱 类 型	珊瑚礁水族箱
养 殖 难 度	中等
游 泳 水 层	所有水层
喂　　　食	薄片食物，冰冻海洋食物，海藻
繁　　　殖	可能在水族箱里产卵，但是还不能繁殖，也不能进行商业繁殖
特 殊 要 求	活石，以供其找寻食物

备注： 胄刺尻鱼是令人惊叹的珊瑚礁鱼类，非常受欢迎，但是价格稍微有点贵。它们具有典型的小盖刺鱼行为，几乎不停地在活石里和活石周围寻找食物。有一个小小的风险是它们可能会伤害、啃咬蛤和管虫，因此最好单独饲养在一个小水族箱里，或者成对饲养，或者和其他盖刺鱼养在非常大的水族箱中。

主刺盖鱼（又称条纹盖刺鱼、皇后神仙、大花面、蓝圈）

学　　　名	pomacanthus imperator
分　　　布	印度洋～太平洋、红海、夏威夷
大　　　小	长达 40 厘米
水 族 箱 大 小	108 厘米及以上
水 族 箱 类 型	只养鱼的水族箱或有活石的只养鱼的水族箱
养 殖 难 度	困难
游 泳 水 层	所有水层

喂　　　食　海藻，冰冻的干食物

繁　　　殖　还不能在水族箱里繁殖，也不能商业繁殖

特 殊 要 求　空间，极佳的水质，极优质的食物

备注： 主刺盖鱼是典型的海水鱼类，只要看一眼，就会印象深刻。但它们只适合很少的海水水族箱。它们会长得很大，具有攻击性，会咬食珊瑚，所以只能饲养在只养鱼的大型水族箱中。它们的体色图案在仔鱼和成鱼中完全不同。仔鱼很容易适应新环境，但当它们的图案变化时，可能不会发展成像野生成鱼那样明亮的色彩，大部分原因是因为食物不足。需要喂以多种多样的食物。

双棘甲尻鱼（又称皇帝神仙鱼、毛巾鱼）

学　　　名	*pygoplites diacanthus*
分　　　布	印度洋～太平洋、红海
大　　　小	25 厘米
水族箱大小	150 厘米
水族箱类型	珊瑚礁水族箱或有活石的只养鱼的水族箱
养 殖 难 度	困难
游 泳 水 层	所有水层
喂　　　食	薄片食物，冰冻海洋食物，海藻
养　　　殖	还没有实现在水族箱里繁殖或者商业繁殖
特 殊 要 求	空间，极好的水质，活石，以便找到食物

备注： 双棘甲尻鱼可能是最美丽的盖刺鱼之一，在与珊瑚混养方面已经获得一些进展，虽然它们之前已经被列为无法与珊瑚礁共存。

铜带蝴蝶鱼（又称钻嘴鱼、长吻钻嘴鱼、三间火箭）

学　　　名	*chelmon rostratus*
分　　　布	西太平洋
大　　　小	20 厘米
水族箱大小	120 厘米
水族箱类型	珊瑚礁水族箱或有活石的只养鱼的水族箱
养 殖 难 度	困难
游 泳 水 层	所有水层
喂　　　食	冰冻和活的海洋食物
繁　　　殖	还没有实现在水族箱里繁殖或者商业繁殖
特 殊 要 求	极好的水质，成熟的水族箱和合适的食物

备注： 铜带蝴蝶鱼是最易养殖的蝴蝶鱼之一，因为它们不专门摄食海绵或珊瑚虫。但是在你把它们带回家之前，你必须确定在商店里的鱼能够摄食，并完全适应水族箱的生活。虽然它们也会啃食管虫，但是通常在水族箱里能发挥很好的作用，因为它们会吃掉讨厌的垃圾葵。

盔新鳚（又称红鹰、美国红鹰）

学 名	*neocirhites armatus*
分 布	太平洋
大 小	8 厘米
水族箱大小	90 厘米
水族箱类型	珊瑚礁水族箱或有活石的只养鱼的水族箱
养殖难度	中等
游泳水层	底层
喂 食	冰冻肉食
繁 殖	还没有实现在水族箱里繁殖或者商业繁殖
特殊要求	以供栖息的活石

备注： 盔新鳚是小型的食肉鱼类，喜欢栖息在礁石和珊瑚上静静发呆。它们的脸看起来非常的滑稽，游泳行为也非常有趣。当它们游动的时候，好像是在上下跳跃。它们对珊瑚礁石无害，但大型盔新鳚可能会吃掉微小的珊瑚礁鱼类和小虾。有时候可能会跳跃。

魔鬼衰鲉（又称狮子鱼）

学 名	*pterois volitans*
分 布	太平洋
大 小	35 厘米
水族箱大小	180 厘米
水族箱类型	只养鱼的水族箱，或没有小型鱼和可移动无脊椎动物的珊瑚礁水族箱。
养殖难度	中等　　　　　　　　游泳水层 中层
喂 食	冻鱼，冰冻贝类
繁 殖	还没有实现在水族箱里繁殖或者商业繁殖
特殊要求	肉食

备注： 魔鬼衰鲉的辨识度很强，很可能是最受欢迎的水族箱鱼类，而且是最容易饲养的品种之一。为了让它们的鱼鳍充分伸展，需要大型且较宽的水族箱，魔鬼衰鲉鱼体的长、宽、高一样。它们可以与珊瑚礁共养，但是它们会吃掉任何能移动的足够小的东西。所有的魔鬼衰鲉都是有毒的，因此清洁水族箱或者抓它们的时候必须要小心。所以建议有小孩的家庭最好不饲养魔鬼衰鲉。

短鳍衰鲉（又称短须狮子鱼）

学 名	*denrochirus brachypterus*
分 布	印度洋～西太平洋
大 小	15 厘米
水族箱大小	90 厘米
水族箱类型	珊瑚礁没有小型鱼或者无脊椎动物，或者有活石只养鱼的水族箱
养殖难度	中等

游 泳 水 层　底层

喂　　　食　冻鱼，冰冻贝类

繁　　　殖　还没有实现在水族箱里繁殖或者商业繁殖

特 殊 要 求　肉食

备注： 短鳍衰鲀看起来讨人喜欢，易于饲养。在它们小的时候会拼命地吃饱，由于它们不太爱运动，可以被饲养在较小的水族箱里，但要有足够强大的过滤系统去处理它们制造的大量污染物。像所有魔鬼衰鲀一样，它们有毒，清洁水族箱或者是抓它们的时候应该小心。建议家里有小孩的就不要养这种鱼了。

六斑二齿鲀（又称斑刺鲀、豪猪鱼、气球鱼）

学　　　名　*diodon holocanthus*

分　　　布　广泛分布于热带海洋

大　　　小　长达 50 厘米

水 族 箱 大 小　180 厘米及以上

水 族 箱 类 型　只养鱼的水族箱

养 殖 难 度　中等

游 泳 水 层　所有水层

喂　　　食　肉食，有壳的贝类

繁　　　殖　还没有实现在水族箱里繁殖或者商业繁殖

特 殊 要 求　带壳的贝类，以保证它们可以磨牙

备注： 六斑二齿鲀看起来讨人喜欢，很受欢迎，但它们会变得很大，超乎很多人的想象。其双眼可以独立转动，游泳时展现出卡通般的特点。它们很聪明，会乞求食物，但它们很暴躁，只应和其他暴躁的鱼混养，最好不与其他鲀类混养。该鱼身体偶尔会膨胀，以炫耀它们的棘刺，但不能通过施加压力、给予刺激的方式来让它们膨胀展示其棘刺。

尖吻刺鲀

学　　　名　*rinecanthus aculeatus*

分　　　布　印度洋～太平洋

大　　　小　长达 30 厘米

水 族 箱 大 小　180 厘米

水 族 箱 类 型　只养鱼的水族箱

养 殖 难 度　中等

游 泳 水 层　所有水层

喂　　　食　冻鱼，冰冻的有壳贝类

繁　　　殖　还没有实现在水族箱里繁殖

特 殊 要 求　空间，强大的过滤系统，以及肉食饵料

备注： 尖吻刺鲀有着精致的图案和体形，在只养鱼的水族箱里很受欢迎。它勇敢而活跃，但不像它的远亲小丑炮弹（又称小丑鳞鲀）那样富于侵略性，也没有那么昂贵。尖吻刺鲀需要大量的空间来运动，环境中要有丰富的带壳螃蟹和大虾以供其攻击，要有假山供其冒险。同时，需要强大的过滤系统来处理其制造的大量污染物。

雪花蛇鳝（又称斑马海鳗、雪花海鳗、钱鳗）

学　　　名　*echidna nebulosa*

分　　　布　印度洋～太平洋

大　　　小　长达 100 厘米

水 族 箱 大 小　180 厘米

水 族 箱 类 型　只养鱼的水族箱

养 殖 难 度　中等

游 泳 水 层　底层

喂　　　食　冻鱼，冰冻贝类

繁　　　殖　还没有实现在水族箱里繁殖或者商业繁殖

特 殊 要 求　肉食，隐匿空间，紧密严合的水族箱盖

备注： 雪花蛇鳝是所有海鳗中最小、颜色最丰富、最容易适应新环境的种类，但是还是会长到 100 厘米。海鳗是非常原始的进食者，先闻食物，然后再残忍地进攻，把食物蜷缩成一个球，然后用倒生牙咬住。建议家里有小孩的就不要养这种鱼了，因为它会咬伤手指。饲喂时应使用长镊子。雪花蛇鳝适应力强，一旦它们适应了新环境，就很容易饲养了。必须为它们提供一个隐匿空间，以供栖息。

粒突箱鲀（又称木瓜、金木瓜）

学　　　名　*ostracion cubicus*

分　　　布　印度洋～太平洋

大　　　小　长达 45 厘米

水 族 箱 大 小　180 厘米

水 族 箱 类 型　只养鱼的水族箱

养 殖 难 度　困难

游 泳 水 层　所有水层

喂　　　食　冰冻食物

繁　　　殖　还没有实现在水族箱里繁殖

特 殊 要 求　专门设置的大型水族箱

备注： 粒突箱鲀是一种在水族店买不到的鱼。真不知道大自然是怎么创造出一个长像如此奇特、立方体型、色彩图案怪异的鱼！粒突箱鲀幼体看起来更可爱，像骰子的形状和大小。但是，养这种鱼需要注意以下 3 点：第一，它可以长到 45 厘米长，超越水族箱里所有的鱼类，而且它会变得更细长，当它长大，就不呈方形了，也就没有那么可爱了；第二，它对珊瑚礁有害，这就限制了你可以混养的种类；第三，如果受到胁迫，它可以释放出一种毒素，危害整个水族箱，包括它自己。

海洋无脊椎动物

海洋爱好者们也喜欢海洋无脊椎动物。这些无脊椎动物有着令人难以置信、变化多端的形态、形状和色彩。甚至一些爱好者喜欢整水族箱专门饲养它们，而放入海水鱼类仅仅是为了在水族箱的上层水域提供一种游动的美感。

海洋无脊椎动物广义上分为两种类型：可移动的，即移动种类；不可移动的，即固着种类。移动种类为蟹、虾、海星；固着种类为珊瑚。一些珊瑚可以改变位置，如石芝珊瑚（硬珊瑚）和海葵，但为了方便分类，它们也和固着珊瑚归为一组。

可移动的无脊椎动物

在美国所有可移动无脊椎动物有一个流行的名字，那就是 Critters，这个名字很好地将它们综合起来。有成千上万的 Critters 可供选择，某些种类比其他种类更能适应水族箱的生活。我们认为大多数 Critters 能安全地和平共处，对珊瑚也无害，但不是所有的种类都这样。比如，小丑虾是一类特殊摄食者，专门摄食活海星，所以它们大多数不适合生活在水族箱中。大型寄居蟹会对礁石水族箱造成极大破坏，跳舞虾（又称骆驼虾）也会捕食讨厌的垃圾葵和珊瑚虫。

查阅第 195 页关于可移动无脊椎动物的介绍，来研究一些最常见的可移动无脊椎动物是不是适合你的水族箱。

你需要了解可移动无脊椎动物的哪些方面？

尽管作为腐食动物加入到很多水族箱里，但在缺少天然食物时，可移动无脊椎动物需要进行人工饲喂的。成熟的水族箱含有活石，能提供隐蔽和摄食场所，所以对任何无脊椎动物来说，都是最佳选择。

可移动无脊椎动物不需要任何形式的专用光照，但它们对盐度、温度和硝酸盐水平都非常敏感。任何时候都要确保水质处于最适宜的条件下，新购进物种应该慢慢驯化。所有无脊椎动物对水族箱中铜浓度很敏感，因此很多处理鱼类疾病的方法对它们都有害。

上图：软珊瑚适合新手。

上图：星花珊瑚扩散非常快，很容易饲养。

固着的无脊椎动物

珊瑚是固着无脊椎动物，可以大致再分为硬珊瑚和软珊瑚。硬珊瑚是构建珊瑚礁的种类，得名于其坚硬的钙质骨骼。直到现在，硬珊瑚都比软珊瑚要更难养，因为它们需要更好的水质，更强的光照和更强劲的水流，以及更低的磷酸盐浓度和更特殊的食物。

硬珊瑚

硬珊瑚也叫石珊瑚，可以进一步分为大水螅体石珊瑚和小水螅体石珊瑚，或简称为LPS和SPS。SPS对很多珊瑚饲养者来说，代表了养殖珊瑚的尖端水平，因为SPS在所有水族箱饲养的珊瑚中，所需条件最苛刻，水质条件在任何时候都必须处于最适水平，需要额外的设备，如磷酸盐去除树脂和钙反应器，需要最强的水流和最明亮的光照。鹿角珊瑚属于典型的SPS珊瑚。

大多数情况下，LPS珊瑚非常美丽、颜色漂亮和水螅体发荧光。和SPS相比，对水流和光照的需求都较少，但是需要饲喂更多的食物，更具有攻击性，只要有任何可能，就会用螯针相互刺伤或刺伤其他种类的珊瑚。珊瑚专家通常会将LPS和SPS珊瑚分开，在不同的环境条件下饲养它们。气泡珊瑚是典型的LPS。

软珊瑚

软珊瑚本身没有像硬珊瑚那样的骨架，通常适应能力更强，更容易饲养，因此推荐给珊瑚饲养新手。它们大小不一，有小到在礁石上仅覆盖很小的一片珊瑚（如绿星花珊瑚），也有巨大的皮革珊瑚（如肉芝软珊瑚）。蘑菇珊瑚是所有软珊瑚家族中最容易饲养的种类。为了展现出珊瑚的最佳状态，仍然需要保证它们处在最适宜的水质环境中。

上图：大水螅体石珊瑚在水流冲刷下摇曳多姿。

上图：蘑菇珊瑚是新手最佳选择之一。

上图：枝状鹿角珊瑚只适于有经验的饲养者。

海洋无脊椎动物图鉴

蝶螺

学　　名	*turbo fluctuosa*	分　　布	墨西哥	
大　　小	5 厘米	水族箱大小	40 厘米及以上	
养殖难度	中等	喂　　食	海藻，碎屑	
繁　　殖	可能在水族箱里繁殖，卵会产在水族箱的玻璃上			
特殊要求	海藻			

备注： 尽管蝶螺的名字听起来像涡轮一样快，但实际上它们移动并不快。爱好者将蝶螺放入珊瑚水族箱中，主要用来啃食珊瑚礁上的藻类。每升水可以尽可能地多放入蝶螺，但要确保水族箱内有足够量的藻类供其啃食，否则它们可能会饿死。夏季不要让水温上升太高，蝶螺不能忍受高温。

红脚寄居蟹

学　　名	*paguristes cadenati*			
分　　布	印度洋～太平洋	大　　小	2 厘米	
水族箱大小	40 厘米及以上	养殖难度	简单	
喂　　食	海藻，碎屑，残余的鱼食			
繁　　殖	还没有实现在水族箱里繁殖			
特殊要求	备用的贝壳			

备注： 不要与大红腿寄居蟹混淆，这个物种很小，在礁石水族箱里，它们扮演着清洁和啃食藻类的重要角色。每升水可以尽可能多放入些红脚寄居蟹。但它们可能会为了壳而试图杀死蝶螺或相互残杀，所以要提供比寄居蟹数量更多的备用贝壳，并且要有许多不同的尺寸。蓝脚寄居蟹和红脚寄居蟹很相似，但是更小。

安波鞭腕虾（又称清洁虾）

学　　名	*lysmata amboinensis*			
分　　布	印度洋～太平洋	水族箱大小	60 厘米及以上	
养殖难度	中等	喂　　食	所有小型海水鱼食	
繁　　殖	已经实现商业繁殖，虽然经常在家庭水族箱里产卵，但很少繁殖成功			
特殊要求	缓慢地适应新环境			

备注： 在爱好者眼里，清洁虾是最受欢迎的无脊椎动物之一，因为它们色彩明艳，以及与鱼类有趣的互动方式，清洁鱼儿身体上的寄生虫以获取食物。遗憾的是，一些清洁虾一段时间后就会隐藏起来，定居在水族箱的后面不出来，以避免被看见，但在给鱼类喂食的时候也常出来。它们可以单独、成对、或者成群饲养，但由于它们对盐度变化和高温耐受不良，需要缓慢地进行驯化。

血虾（又称火焰虾）

学 名	*lysmata debelius*				
分 布	印度洋～太平洋		大 小	5 厘米	
水族箱大小	60 厘米及以上		养 殖 难 度	中等	
喂 食	鱼食及在活石表面上找到的食物				
繁 殖	已经实现圈养繁殖，且可能在家庭水族箱里产卵，但被爱好者养殖长大的卵很少				
特 殊 要 求	缓慢地适应新环境				

备注： 就明亮的色彩和温和的行为来说，血虾和清洁虾可以一较高低。但过一段时间后，它们也可能会隐藏起来。它们对礁石无害，可以与大量的鱼、珊瑚和其他可移动的无脊椎动物混养，对于珊瑚礁水族箱来说，血虾很受欢迎。它们可以单独、成对、或者成群饲养，但由于它们对盐度变化和高温耐受不良，需要缓慢地进行驯化。

薄荷虾（又称纹虾、加勒比海虾）

学 名	*lysmata wurdemanni*				
分 布	印度洋～太平洋		大 小	3 厘米	
水族箱大小	40 厘米及以上		养 殖 难 度	中等	
喂 食	垃圾葵（又称鬼手、鬼爪），小鱼				
繁 殖	已经实现圈养繁殖，但是被爱好者养殖长大的卵很稀少				
特 殊 要 求	无				

备注： 这种小虾在珊瑚礁石水族箱里很受欢迎，很大原因是它们捕食令人讨厌的垃圾葵。垃圾葵在水族箱中会疯狂地繁殖，在蔓延过程中不断针刺其他美丽的珊瑚，最后灾难性地覆盖整个水族箱。购买时首先确保你得到的是货真价实的薄荷虾，市面上有很多是你并不想要的假冒货。在水族箱里加入一群薄荷虾，他们会阻挡那些疯狂蔓延的垃圾葵，因为这些薄荷虾会比一些小型虾更有效。不要与肉食性鱼类混养。

翡翠蟹

学 名	*mithrax sculptus*
分 布	加勒比海
大 小	2 厘米
水族箱大小	40 厘米及以上
养 殖 难 度	中等
喂 食	海藻，小型鱼食，在活石表面能找到的食物
繁 殖	还没有实现圈养繁殖
特 殊 要 求	活石以啃食藻类，隐匿栖息场所

备注： 在礁石水族箱中，翡翠蟹曾用来控制巨型海藻的生长，特别是气泡藻。如果它们在消灭气泡藻上很成功，那么只需要加入几只，因为它们也偏爱其他的食物，特别是鱼食。它们对珊瑚礁无害，可以被当作是珊瑚礁水族箱的守护者。

翻砂海星

学　　　名	astropecten polycanthus
分　　　布	斐济
大　　　小	15 厘米
水族箱大小	90 厘米及以上
养 殖 难 度	中等
喂　　　食	砂土中的微小动物
繁　　　殖	还没有实现在水族箱里繁殖
特 殊 要 求	广阔的沙地

备注： 翻砂海星是最容易饲养的海星之一，对珊瑚礁无害，在水族箱中也扮演着很有用的角色。它们挖掘砂土、把砂子翻了个遍来寻找食物。有时候它们会在一段时间内消失几周。它们需要充足的沙砾底床以供其寻找食物。砂床越成熟越好，成熟的砂床含有更多的食物。如果是大型珊瑚礁石水族箱，那么，可以加入几只翻砂海星。

拳师虾

学　　　名	stenopus hispidus
分　　　布	西大西洋
大　　　小	10 厘米
水族箱大小	90 厘米
养 殖 难 度	中等
喂　　　食	鱼食，活石中的食物
繁　　　殖	还没有实现在水族箱里繁殖
特 殊 要 求	隐匿场所

备注： 拳师虾很受欢迎，特别是新手，因为它们有着异乎寻常的外表。拳师虾很容易养殖，但有些报道说当它们长大时，可能会欺负其他的虾类。可以单独或成对进行饲养，但它们有一个不良的习惯，即会长期隐匿在活石后面，只有摄食的时候才会出来。

蓝海星（又称蓝指海星）

学　　　名	linckia laevigata
分　　　布	巴布亚新几内亚、斐济、印度洋
大　　　小	直径达 30 厘米
水族箱大小	90 厘米及以上
养 殖 难 度	困难
喂　　　食	海绵动物
繁　　　殖	还没有实现圈养繁殖
特 殊 要 求	见备注

备注： 这种海星绝对令人惊叹，很多爱好者都会被它吸引，但它在水族箱中的存活率很低，所以不应该养在水族箱中。天然环境中，它是一种以海绵为食的特殊摄食者，运动能力和适应环境能力极差。少量的幸存者会在短时间内裂解或将其内脏挤出体外而死去。蓝海星也可能由于水产交易而被过度采集。

蓝脚寄居蟹

学　　　名	*clibanarius tricolor*
分　　　布	西大西洋
大　　　小	2 厘米
水 族 箱 大 小	30 厘米及以上
养 殖 难 度	中等
喂　　　食	碎屑，海藻，剩余的鱼食
繁　　　殖	还没有实现在水族箱里繁殖
特 殊 要 求	备用的壳

备注： 蓝脚寄居蟹比红脚寄居蟹小很多，在水族箱里经常被忽略。虽然它们易于养殖，但是只能被放入到成熟的水族箱中，否则可能会挨饿。由于它们实在太小，其他大点的寄居蟹饥饿时可能会掠食蓝脚寄居蟹。所以在一个珊瑚礁水族箱中只能饲养同一种寄居蟹。每升水放置尽可能多的备用壳和石块。在纳米礁水族箱中，蓝脚寄居蟹是一个很好的物种。

箭蟹

学　　　名	*stenorhychus seticornis*
分　　　布	西太平洋
大　　　小	15 厘米
水 族 箱 大 小	80 厘米及以上
养 殖 难 度	中等
喂　　　食	剩余的鱼食，在活石中的小型无脊椎动物
繁　　　殖	还没有实现在水族箱里繁殖
特 殊 要 求	活石供其捕食和隐匿

备注： 箭蟹有着独特的外表，让一些人喜欢，却又让另一些人讨厌。尽管看起来娇小脆弱，但箭蟹是高效的捕食者，在礁石水族箱中可以容易地养活自己。箭蟹在水族箱中也很有用，因为它们可以吃掉刚毛虫。不过，较大的雌箭蟹会捕食小型寄居蟹甚至小鱼。所以，箭蟹在某种程度上已经没有那么受欢迎了。

海蛇尾

学　　　名	*ophiarachna incrassata*
分　　　布	印度洋
大　　　小	直径长 30 厘米
水 族 箱 大 小	120 厘米
养 殖 难 度	中等
喂　　　食	剩余的鱼食
繁　　　殖	还没有实现在水族箱里繁殖
特 殊 要 求	隐匿场所

备注： 海蛇尾在礁石水族箱中是很好的清洁者，它们可以伸入到所有的隐蔽场所和裂缝中寻找食物。海蛇尾可以变得很大，在水族箱中疯狂移动，可能会使混养的小鱼惊慌失措。因此，最好饲养那些随活石一起进来的小型、可自由移动的海蛇尾。它们会吃掉任何死的或将死的鱼。

海洋珊瑚图鉴

肉质软珊瑚

学　　　名	sarcophyton spp.
分　　　布	印度洋、太平洋
大　　　小	45 厘米
水族箱大小	150 厘米 ×60 厘米 ×60 厘米

光　　　线 中度到明亮　　　水 流 速 中速到高速

养 殖 难 度 中等

特 殊 要 求 空间

备注： 肉质软珊瑚非常普通，而且易于找到，非常容易养殖。大部分情况下它们长得很快，对于大多数标准水族箱来说，肉质软珊瑚会长得过大，会导致其形成一大片阴影而罩住长在它下面的珊瑚。肉质软珊瑚通过从其基座产生后代而扩散开来。

脉冲珊瑚（又称千手珊瑚）

学　　　名	xenia spp.
分　　　布	印度洋、太平洋

大　　　小 5 厘米长　　　水族箱大小 大于 30 厘米

光　　　线 中度到明亮　　　水 流 速 低速到中速

养 殖 难 度 简单

特 殊 要 求 无

备注： 它们是最好养的珊瑚之一，样子非常迷人。巨大的水螅体有节奏地开合，强光下水螅体活动更频繁。在条件合适的情况下，它们会快速繁衍。正因为它们繁殖得快，一旦资源耗尽，种群就面临争斗瓦解的危险，且幸存者寥寥。直到条件再次合适，它们的数量才会重新急剧膨胀。它们很容易繁育，只需要在附近放置岩石，它们就会很快覆满。

短指软珊瑚

学　　　名	sinularia spp.
分　　　布	印度洋、太平洋
大　　　小	45 厘米，不同种类不同
水族箱大小	90 厘米

光　　　线 中度到明亮　　　水 流 速 中速到高速

养 殖 难 度 中等　　　　特 殊 要 求 空间

备注： 短指软珊瑚的颜色、形状和大小不同，但大多数可以根据手指状的分枝来进行识别。它们很容易养，在软珊瑚礁石水族箱中可创造出一种立体景观。和其他许多软珊瑚一样，它们长得很快，在某些小型礁石水族箱中，短指软珊瑚甚至会长出水族箱外。

多节蘑菇珊瑚

学　　　名　*ricordea spp.*

分　　　布　加勒比海、印度洋～太平洋

大　　　小　可以覆盖约 15 厘米的地方

水族箱大小　40 厘米以上

光　　　线　中度到明亮

水　流　速　低速到中速

养 殖 难 度　中等

特 殊 要 求　取决于物种

备注： 有很多种不同的多节蘑菇珊瑚，要么形成了菌落（被称为蘑菇石的褐色蘑菇），要么色彩鲜艳、极具吸引力的单菇，通常被称为"气泡菇"。褐色蘑菇石是最容易饲养的珊瑚之一，可以忍耐较差的水质、弱光和弱水流。单个的、颜色更靓丽的气泡菇更难以饲养，需要优良的水质和明亮的光照。

绿色笙珊瑚

学　　　名　*pachyclavularia spp.*

分　　　布　印度洋～太平洋

大　　　小　高 1 厘米　　　　水族箱大小　大于 30 厘米

光　　　线　中度到明亮

水　流　速　中速到高速

养 殖 难 度　中等

特 殊 要 求　无

备注： 绿色笙珊瑚色彩鲜艳，非常易于饲养。在适宜的条件下，它们能迅速地铺满作为基质的紫色垫子，从而可以在岩石和玻璃上覆盖生长。为了让它繁殖，只需要简单剪开紫色的基垫，并把基垫用橡皮圈固定在其他的石块上。在某些情况下，这种珊瑚生长可能会很猖獗，以至于会超过其他很难养殖的珊瑚物种。

拳头海葵（又称奶嘴海葵）

学　　　名　*entacmaea*

分　　　布　印度洋～太平洋

大　　　小　40 厘米　　　　水族箱大小　120 厘米

光　　　线　中度到明亮

水　流　速　高速到中速

养 殖 难 度　中等

特 殊 要 求　与小丑鱼共生

备注： 海葵受欢迎，因为小丑鱼与它们共生，但是很多人最后还是杀死了海葵。必须挑选大部分颜色为褐色的，因为这表明与其共生的虫黄藻完好无损，它们可以利用水族箱光照引诱食物。当把它们放置在水族箱中，它们会找到自己最喜欢地方，那里会有足够的水流和充足的光照，以及一个可以随意进出的洞穴。海葵最好的搭档是小丑鱼，因为小丑鱼会清洁、保护和喂养海葵。现在，海葵不再像曾经那样受欢迎，因为它们扩散时会穿过珊瑚，针刺甚至杀死珊瑚。

鹿角珊瑚

学　　名	*acropora spp.*
分　　布	印度洋～太平洋
大　　小	长达 60 厘米
水族箱大小	80 厘米
灯　　光	明亮
水 流 速	高速
养 殖 难 度	困难
特 殊 要 求	明亮的光照，强水流，低营养水平

备注： 鹿角珊瑚以前被认为不可能在水族箱里养殖，但最近的十几年里，随着我们对珊瑚及其需求等知识了解得越来越多，以及科技的发展，能为珊瑚礁石水族箱里提供更好的光照和强劲的水流，使得鹿角珊瑚的养殖取得了多次成功。鹿角珊瑚是众所周知的小水螅体石珊瑚（SPS），它们构建有坚硬的骨架。切段繁殖的方式值得鼓励，可以减少野生种群被破坏的概率。鹿角珊瑚和其他小水螅体石珊瑚需要很低营养水平的海水才能生存。

表孔珊瑚（又称瓦片）

学　　名	*montipora spp.*
分　　布	印度洋～太平洋
大　　小	长 60 厘米
水族箱大小	80 厘米
灯　　光	明亮
水 流 速	高速
养 殖 难 度	困难
特 殊 要 求	明亮光照，强水流，低营养水平

备注： 众所周知，表孔珊瑚为圆盘状的小水螅体石珊瑚，但有一种表孔珊瑚看起来更像鹿角珊瑚。表孔珊瑚的形状和颜色相当令人满意，它们给任何水族箱都带来一种天然珊瑚礁的视感。它们需要强光和强劲的水流。但如果放置得离水面太近，它们生长蔓延时会遮住所有在其下面的东西。可以从表孔珊瑚上掰下碎片，然后单独放置，使其重新生长。

气泡珊瑚

学　　名	*plerogrya spp.*		
分　　布	印度洋～太平洋		
大　　小	30 厘米		
水族箱大小	60 厘米		
灯　　光	中度		
水 流 速	中速	养 殖 难 度	中等
特 殊 要 求	周围有足够的空间		

备注： 气泡珊瑚是最容易饲养的大水螅体石珊瑚（LPS）之一，它不需要很明亮的光照和强水流，可以通过捕捉大量食物颗粒来进食（如捕食投喂给鱼儿的丰年虫）。它们有着强有力的清洁触角，可以用来攻击和针刺侵入它们领地的其他珊瑚，因此，在它们周围需要留出足够的空间。

榔头珊瑚，蛙卵珊瑚（为真叶珊瑚中的两种）

学　　　名	*euphyllia spp.*	
分　　　布	印度洋、太平洋	
大　　　小	45 厘米	
水族箱大小	80 厘米	
光　　　线	中度到明亮	
水　流　速	中速	
养 殖 难 度	中等	
特 殊 要 求	周围留充足的空间	

备注： 榔头珊瑚和蛙卵珊瑚都属于真叶珊瑚家族，因其水螅体顶端发绿色荧光和水螅体在水中的运动方式而广受欢迎。除去它们柔和的外观，它们其实是相当具有攻击性的大水螅体石珊瑚。它们会伸出长而有力的清洁触角去针蜇其他珊瑚，以防止地盘被侵占。这意味着它们周围需要足够的空间，以避免攻击其他的珊瑚。

太阳花

学　　　名	*tubastrea spp.*	
分　　　布	印度洋、太平洋	
大　　　小	15 厘米	
水族箱大小	60 厘米	
光　　　照	弱	
水　　　流	中速	
养 殖 难 度	困难	
特 殊 要 求	阴暗环境，冷冻的肉食	

备注： 太阳花因其明亮的橙色而广受欢迎，但是很多养殖新手在养殖太阳花时，完全用错了方法。太阳花不依赖于阳光，不摄食共生藻类，而是用其巨大、可伸缩的水螅体捕捉和摄食浮游动物。把它们放在阴暗的地方，将冷冻的海洋食物喷在小虾上面，然后有目标地专门将小虾投喂给太阳花。

尼罗河珊瑚

学　　　名	*catalaphyllia spp.*	
分　　　布	印度洋～太平洋	
大　　　小	30 厘米	
水族箱大小	80 厘米	
光　　　照	中度到明亮	
水　　　流	中速	
养 殖 难 度	中等	
特 殊 要 求	充足空间	

备注： 尼罗河珊瑚非常漂亮，养殖要求很高，是大水螅体石珊瑚中的一种。它们扩散得很宽，一般放置在水族箱的下半部或底床上，这样它们可以适当地扩展，展示其华丽的景观，不会和靠近它们的珊瑚打斗。通常价格较高，在放入水族箱之前，水质要符合其最适水平。

附录

附录 A　海洋资源的保护

如果要计划养动物，就要尊重动物，要了解动物的天然习性。令人欣慰的是，许多养鱼爱好者也开始对海洋资源的保护感兴趣并参与到资源保护中去。

对自己养的鱼进行人工繁育

由于许多海水鱼和热带鱼都还是从野外捕捞获取的，从生态保护的角度，我们还是希望这些鱼儿至少有一部分能在人工饲养条件下进行繁殖，所以要研究清楚它们的需求，以便给这些野生的鱼儿提供合适的人工养殖环境。在水族箱繁殖的鱼可减轻野生种群的压力，给我们提供了一个视角来了解这些鱼在自然环境中如何进行繁殖。许多鱼类的自然栖息地被破坏，以及外来物种的入侵，这对鱼儿造成的风险大于被养鱼爱好者过度采集的危害。事实上，如果不是热带鱼爱好者为了成功养殖所付出的努力，部分物类（如墨西哥蝴蝶鱼，属于幸鳉科）将会灭绝。

确保所养鱼类的健康，不仅可以让我们享受观鱼的乐趣、放松心情，也能够在野生种群数量变化或栖息地改变时，使这些鱼类不至于灭绝，甚至在将来的某个时候能将我们养的鱼再次放生，重新引入到自然界。

同样的情况也适用于新进口、还未人工繁殖过、受爱好者喜爱的鱼类身上。这些鱼在自然条件中能顺利繁殖，因此只要在适当的条件和刺激下，它们也能被人工繁殖。如果你能成为世界上第一个对某种鱼进行人工繁殖的人，那么对科学研究、兴趣爱好以及该鱼的贸易交流来说，都是非常重要的。

使用更少的能源

减少碳的排放量对大家都很重要，作为一名养鱼人，要尽我们所能节省能源。通过一些小小的调整，你就能减少用电量。检查水泵和灯具的功率，购买并使用效率更高的设备，比如使用更省电的 LED 灯，同时 LED 灯不含汞，所以此类灯的废弃物不会危害环境。将你的热带鱼水族箱背面和两边做保温处理，这会使水族箱内热量散失很慢，这样加热器也就不用经常打开。如果你没有养许多喜光的水草或珊瑚，你只需要在坐在水族箱前面欣赏的时候打开灯光就可以了。对所有鱼类来说，每天只开几个小时灯已经足够，这也有助于防止暴藻。

节约用电的一个最简单方式就是使用小的水族箱。例如，一个 240 升的水族箱大概需要一个 30 瓦的过滤器，一个 200 瓦的加热器和 80 瓦的灯具，一共是 310 瓦的能耗。但是一个 30 升的水族箱可能就只要一个 5 瓦的过滤器，25 瓦的加热器，灯光的能耗只有 11 瓦，总能耗仅 41 瓦。小型水族箱需要的水更少，过滤介质更换的频率也会降低，所使用的脱氯剂和药物都会更少。因此，通过一些小小的举动你就可以省钱，这同时也是在拯救地球。

运营成本低对我们所有人都有好处，购买二手水族箱、设备或是鱼都没什么问题。在水族爱好者圈子里有一个安全的二手市场，那里有很多鱼儿在寻求新的家园，为什么不去看看呢？这甚至可以被称为回收再利用！

购买本地的鱼类也能节省能源。绝大多数的观赏鱼都是从热带国家被带回本国，然后它们中很多都可以在家庭水族箱里繁育之后再进行交易。不管在哪里，尽可能买本地繁育的鱼，因为这样的鱼很少发生应激和疾病。

节水

换水对维持你的鱼体健康至关重要，而鱼儿的福利必须放在第一位。然而有一些方法可以在换水的时候节水。最明显的案例就是使用小型水族箱（如纳米水族箱）。每周的换水量也只有 10 升，这种水量的变化甚至不足以记录在你的水费单上。小型水族箱换水更容易操作、更方便，也不会让你腰酸背痛。

看看你的水源，再看看你的鱼需要什么样的水。最浪费的是去离子水，因为有大部分的水都是"废水"，通常会从下水道流走。当然，"废水"也可以用来做其他事情，比

如用在养对水质要求不高的淡水鱼，或者用来浇灌花园的植物。不过如果你想要节约水，就不要选择养需要去离子水的鱼。

也可以用其他方法来解决换水问题。水中硝酸盐含量通常是我们需要换水的首要原因，但水生植物可以消耗硝酸盐。如果植物不行，可以使用硝酸盐去除树脂或者脱硝器（硝酸盐清除器）来让水族箱中水保持较长时间的清洁状态。

教育人们

仅仅只需要向一个养鱼的门外汉展示你的水族箱，你就可以告诉他生活在水下的生物的重要性。无知导致许多自然资源的流失，因此可以通过教育他人，比如珊瑚不是一片岩石，而是活的动物，这样他们就会告诉更多的人，把天然珊瑚礁当作游览和珍惜的地方，使之免遭破坏。如果每个人都像水族爱好者那样充分了解鱼、珊瑚和水草，那么更多的人就会积极地保护它们，让自己的子孙后代都能欣赏、拥有这些资源。所以，尽自己所能来了解、保护它们不被灭绝。

享受你的爱好

养鱼是一个很好的爱好，世界各地养鱼爱好者的数量也迅速增长。想养好鱼，那么就会有更多的东西要学习。如果你喜欢阅读，则可看见有很多的书和杂志，以及专业网站上的文章。或者你可以加入当地的养鱼俱乐部，或者在互联网论坛上活跃起来，多结交一些志同道合的朋友。

找一家好的水族店，常去看看，好好熟悉一下店员，你可能会得到更多好的建议，甚至可能是一些折扣。如果你真的非常热情，说不定你可以尝试在这个每天可以看见成百上千的水族箱和观赏鱼的地方工作。

每个人都可以养鱼，用不了多久，你就能成为某个领域的专家。也许你会自己繁育鱼，把自己的鱼儿传给其他人来繁育。或者你可以在展会上展出你的鱼，或用你的水族箱造景去参加比赛。

养鱼真的是可以让你感到满足的爱好。

附录 B 　 词汇表

光化灯 - 蓝光用于海水水族箱照明，模仿深海中的太阳光。光化灯有益于珊瑚。

曝气 - 增加水中的氧气含量。曝气通常通过空气泵或过滤器出水口搅动水的表面以增加氧气。

气石 - 一端连接气管，另一端连接空气泵。气石将空气扩散进水中，以增加水中氧气含量。

水族造景 - 在水下进行景观设计。这是一种通过规划、布置、使用装饰素材，使景观看起来具有视觉吸引力的艺术。

柏林系统 - 一种海洋过滤系统，使用蛋白质分离器和活石。可能起源于德国柏林。

枝状活石 - 活石的一种，用于对海水水族箱进行造景，由死去的珊瑚块组成。

钙质 – 包括石灰石或钙。钙质原料来自于海底死的甲壳动物和珊瑚骨架。仅适合海水和硬水水族箱或高 pH 的淡水水族箱，因为钙质材料会使 pH 和 GH 升高。

冷水鱼 – 指自然栖息在水温 4~20℃ 水域里的鱼类。

养水 – 让水族箱准备好养鱼的过程，在这个过程中过滤器中会布满细菌。

除氮器 – 能降低硝酸盐水平的设备，培养有反硝化细菌。反硝化细菌以硝酸盐为食物。

食碎屑动物 – 微小的海洋生物，摄食有机污染物。在礁石水族箱中有用，可以使水族箱保持清爽。这种微小海洋生物也能被鱼吃掉。

DI-Deloniser. 一种装在管道里的离子交换树脂，可以去除自来水中所有的矿物质和污染物，净化自来水。

滴检 – 一种用于水草水族箱的小型指示装置。装置中的反应液会根据水体中二氧化碳含量而改变颜色。

荷兰式水族箱 – 一种水草造景的方式，植物一排排整齐地栽种，就像一个花坛。

过滤 – 除去水中的污染物。

浮动基座 – 一种玻璃水族箱样式，底部的玻璃板固定在一个起保护作用的外框内。

FOWLR-Fish Only With Live Rock- 一种海水水族箱设缸方式，仅有鱼和活石，没有珊瑚和可移动的无脊椎动物。

GH- 总硬度。一份水样中含有多少矿物质。

HID- 一种用于水族箱的灯具。HID 代表高强度放电和非常明亮。金属卤素灯属于 HID。

HO- 高输出，指水族箱的光照，比标准亮度要亮。

Ich-Ichthyophthirius multifiliis 的一个缩写，一种淡水鱼寄生虫。

惰性物质 – 装饰性材料，不会释放任何物质或改变水的化学性质。

纤毛虫类 – 细小的淡水微生物，可以作为小鱼苗的开口食物。

开尔文系数 – 也称色温或光的色谱，以开尔文为单位。

碳酸盐硬度（KH） – 用来测量碳酸盐或水中二氧化碳的含量。

升 / 小时（Lph） – 一种常用的测量水泵流量或电动过滤器的参数。

LPS- 大水螅体石珊瑚。

海水鱼类 – 生活在海里的鱼。

介质 – 用来过滤水的材料，海绵是一种过滤介质。

Mulm- 积累在水族箱底部和过滤器内部的脏东西和鱼的粪便。

纳米水族箱 – 一种小型水族箱，通常总体积小于 100 升。

新水族箱综合征 – 这是一个用在新水族箱上的术语。在新设的水族箱中，由于太多鱼太早加入到水族箱里，而有益菌还没有培育到足够量来分解鱼类的排泄物导致了水质问题。

硝酸盐 – 消化细菌作用的副产品，氮循环的产物。

亚硝酸盐 – 由硝化细菌将氨态氮转化而成。对鱼体有害，当水族箱内硝化细菌数量不足的时候存在，细菌不足以把有害的亚硝酸盐转化成毒性较小的硝酸盐。

水陆水族箱 – 装了一部分水的水族箱，适合于养既需水又需陆地的两栖动植物。

急流鱼类 – 自然栖息在河流的淡水鱼。

珊瑚骨 – 枝状岩石，用于海水水族箱造景，来源于大海的死珊瑚块。

折射计 – 测量海水中盐度的高精密仪器。

保存缸 – 海水水族箱里建立一个专门的区域，用于培养小型无脊椎动物和海藻，以促进水族箱系统的健康，鱼类不能加入到保存缸内，因为鱼会吃掉培育的小型无脊椎动物和海藻。

反射 – 当从灯管发出的光射到反射板上，然后又反射回灯管，而不是进入水族箱。好的灯管和反射将会降低反射。

RO- 反渗透。一种净水过程，自来水被压迫通过非常细的膜，去除矿物质和污染物，处理后得到的纯净水用于水族箱中。

Skimmate- 在蛋白质分离器中收集的脏液体。

SPS- 小水螅体石珊瑚。

底质 – 细腻的装饰沙或沙砾，放置在水族箱的底部。

热带鱼 – 自然栖息在水温为 20~30℃ 的淡水鱼和海水鱼类。

文氏管 – 连接到电动过滤器出水管的起泡装置，会将细小的气泡吹入水族箱，增加水体含氧量。

VHO- 指水族箱照明设备，提供非常高的输出。

饲养水族生物越来越受到人们的青睐，观赏鱼养殖爱好者开始赏、玩水族箱。本书内容全面、深入，且运用了大量清晰的彩图，手把手教玩家如何设置水族箱；以步骤的形式教大家如何选择观赏鱼，如何装饰水族箱，如何进行日常维护，如何科学喂养和繁殖。本书内容包括水族箱整体介绍、过滤器材介绍，水质改善方法，饲养（淡水、海水）方法，饲养设备的维修，鱼类和物种图鉴。

本书适合水族爱好者新手和经验丰富的养鱼爱好者阅读，也可作为观赏鱼繁育企业的指导用书。

Aquarium Manual: The Complete Step-by-Step Guide to Keeping Fish / by Jeremy Gay / ISBN: 9781844256402

Originally published in English by Haynes Publishing under the title: Aquarium Manual: written by Jeremy Gay, © Jeremy Gay 2009.

图书在版编目（CIP）数据

玩转你的水族箱：手把手教你养好观赏鱼 /（英）杰里米·盖伊（Jeremy Gay）著；王春芳译. — 北京：机械工业出版社，2018.8

书名原文：Aquarium Manual: The Complete Step-by-Step Guide to Keeping Fish

ISBN 978-7-111-60709-0

Ⅰ.①玩… Ⅱ.①杰… ②王… Ⅲ.①观赏鱼类 – 鱼类养殖 Ⅳ.① S965.8

中国版本图书馆CIP数据核字（2018）第189812号

机械工业出版社（北京市百万庄大街22号　邮政编码100037）
策划编辑：张　建　　责任编辑：张　建　周晓伟
责任校对：孙丽萍　　责任印制：孙　炜
保定市中画美凯印刷有限公司印刷

2018年9月第1版第1次印刷
180mm×239mm·12印张·249千字
标准书号：ISBN 978-7-111-60709-0
定价：69.80元

凡购本书，如有缺页、倒页、脱页，由本社发行部调换
电话服务　　　　　　　　　　　网络服务
服务咨询热线：（010）88361066　　机 工 官 网：www.cmpbook.com
读者购书热线：（010）68326294　　机 工 官 博：weibo.com/cmp1952
　　　　　　　（010）88379203　　金 书 网：www.golden-book.com
封面无防伪标均为盗版　　　　　　教育服务网：www.cmpedu.com